杨力 著

大数据
Hive
离线计算开发实战

人民邮电出版社

北京

图书在版编目（CIP）数据

大数据Hive离线计算开发实战 / 杨力著. -- 北京：
人民邮电出版社，2020.6（2024.1重印）
ISBN 978-7-115-44808-8

Ⅰ．①大… Ⅱ．①杨… Ⅲ．①数据库系统－程序设计
Ⅳ．①TP311.13

中国版本图书馆CIP数据核字(2020)第001059号

内 容 提 要

本书从数据处理平台数据库和数据仓库入手，帮助读者逐步搭建大数据Hive数据仓库平台，并介绍了这种传统数据分析方法在大数据平台成功应用的典型案例。本书通过对Hive数据定义语言、Hive数据操纵语言、Hive数据基本查询、Hive数据复杂查询的详细介绍，全面阐述了Hive大数据平台工具的应用与开发。另外，还介绍了Hive数据库对象、用户自定义函数以及Azkaban工作流作业调度器，帮助读者掌握Hive平台的强大功能和特性。最后，通过电商推荐系统、汽车销售数据分析系统以及微博数据分析系统3个实战开发项目案例，让读者对Hive大数据平台数据仓库工具的实战应用有更深的理解。

◆ 著　　　杨　力
　责任编辑　赵　轩
　责任印制　王　郁　马振武

◆ 人民邮电出版社出版发行　北京市丰台区成寿寺路11号
　邮编　100164　电子邮件　315@ptpress.com.cn
　网址　https://www.ptpress.com.cn
　固安县铭成印刷有限公司印刷

◆ 开本：787×1092　1/16
　印张：12　　　　　　　　　2020年6月第1版
　字数：183千字　　　　　2024年1月河北第18次印刷

定价：59.00元

读者服务热线：(010)81055410　印装质量热线：(010)81055316
反盗版热线：(010)81055315
广告经营许可证：京东市监广登字20170147号

前言

进入 21 世纪，我们迎来了数据爆炸式增长的时代，人们计量数据的单位由 GB 进入到了 TB、PB、EB、ZB……举个简单的例子，十年前或者五年前我们购买移动硬盘，它的存储容量为 80 GB 至 500 GB；现在我们购买移动硬盘，它的存储容量为 1 TB 至 2 TB。因此，在数据爆炸式增长的同时，我们也迎来了大数据的时代。所谓大数据，简单来讲就是数据体量巨大、数据种类繁多、数据价值密度低、数据处理速度快，大数据是需要新处理模式才能具有更强大决策力、洞察力和流程优化能力的海量、高增长率和多样化的信息资产。

在过去很多年，各个企业、单位都积累了大量丰富的数据，并购买服务器来存储这些数据。数据是积累下来了，可是对于持续不断增长的数据，除了需要不断购买服务器，花巨大的硬件成本来存储，我们又能从这些持续不断积累下来的数据中得到什么？如何去挖掘和利用这些数据？这些数据都是历史数据，也叫离线数据，于是一个全新的技术 Hive 离线计算进入了大众的视野。它提出海量数据可以继续沿用传统的数据分析方法 SQL 语句来处理，开发人员不需要学习新的脚本语言而继续使用熟悉的 SQL 结构化查询语句来处理大规模的数据。区别是，此时此刻 SQL 语句不再运行在传统的数据库或者数据仓库中，而是运行在大数据分布式并行计算处理平台上。该数据平台为我们提供了一个工具，那就是 Hive 离线计算处理工具，所用到的语言称之为 HiveQL 查询语言，其语法结构与传统 SQL 语言几乎是一模一样的，这就是本书将要介绍的 Hive 大数据离线计算的相关技术。它能解决不断增长的海量离线数据处理计算问题，帮助企业从数据中获取经验，并得到巨大的潜在商业价值。

本书将带您认识 Hive 大数据离线计算的基本概念。通过学习本书，您将对 Hive 大数据离线技术有一个深刻的认识，并且掌握大数据技术中主流的离线计算工具 Hive，再通过大数据的离线计算项目案例，让您从 Hive 大数据离线计算技术的实战应用中得到训练。这也许是您学习大数据离线计算技术的最佳入门途径之一。

全书包含 10 章，分为 4 部分内容：第一部分是第 1～2 章，主要介绍了传统数据库基础和数据仓库的基本概念以及 Hive 基础、Hive 安装部署等内容，阅读这部分内容，您将对 Hive 离线计算技术有一个全方位的宏观认识并且掌握 Hive 的安装部署方法；第二部分是第 3～6 章，主要介绍了 Hive 离线计算的数据定义与操作、HiveQL 基本查询和复杂查询以及 Hive 数据库对象和用户自定义函数 UDF 等通过这部分内容的学习，您将明白

Hive的使用方法、HiveQL查询应用以及Hive提供的扩展接口UDF的使用；第三部分是第7章，主要介绍了Hive批量工作流调度器Azkaban技术，有了Azkaban，我们使用Hive处理复杂的业务时就可以实现自动化的工作流管理，非常方便和省心，它为Hive在实际生产环境中的应用提供了很好的运维技术；第四部分是第8～10章，这一部分主要是项目实战案例，包括电商推荐系统的实战研发、汽车销售数据分析系统的实战研发和社交媒体数据分析系统的实战研发，通过这3章内容的学习将会使我们积累丰富的实践开发经验。全书按照Hive大数据离线计算技术流程，由浅入深，逐步引导您掌握Hive大数据离线计算技术。

本书适合所有对大数据技术感兴趣的读者。全书的编写力求内容准确、系统完整、通俗易懂，让初学者能快速掌握大数据技术，同时对专家级读者也具有一定的参考价值。

由于作者水平有限，书中难免出现疏漏和不妥之处，敬请读者批评指正。

注意，本书中的网址、产品等信息，仅为操作数据的结果呈现，不具备任何其他意义。如果读者需要软件与数据方面的帮助，请联系我的私人邮箱：yangliwack@126.com。

致谢

感谢人民邮电出版社责任编辑赵轩辛勤的工作才让本书的出版成为可能。

感谢曾经和我一起奋战在大数据一线的马延辉、唐刚、游大海、赵明栋、郑思成。

最后，特别感谢我的父亲、母亲、岳父、岳母及我的妻子，是您们的全力支持才使我能够顺利完成此书。

作　者
2019年10月

目录

第 01 章　数据仓库基础 ……………… 1
1.1　数据处理平台 ……………………… 1
1.2　数据库 ……………………………… 2
1.3　关系型数据库 ……………………… 2
　1.3.1　数据库三范式 …………………… 3
　1.3.2　数据库事务 ……………………… 6
　1.3.3　数据库设计理念 ………………… 7
1.4　数据仓库 …………………………… 7
　1.4.1　无数据仓库的时代 ……………… 7
　1.4.2　数据仓库的发展 ………………… 8
1.5　数据仓库设计理念 ………………… 9
1.6　数据库与数据仓库的不同 ………… 10
1.7　本章总结 …………………………… 11
1.8　本章习题 …………………………… 11

第 02 章　Hive 安装部署 …………… 12
2.1　Hive 基本概念 ……………………… 12
　2.1.1　Hive 简介 ………………………… 12
　2.1.2　Hive 设计特性 …………………… 13
　2.1.3　Hive 与传统数据库的对比 ……… 14
2.2　Hive 安装部署 ……………………… 14
2.3　安装配置 MySQL …………………… 16
2.4　配置启动 Hive ……………………… 22
2.5　Hive 常用内部命令 ………………… 26
2.6　Hive 数据类型 ……………………… 27
　2.6.1　Hive 基本数据类型 ……………… 28
　2.6.2　Hive 集合数据类型 ……………… 30
2.7　本章总结 …………………………… 36
2.8　本章习题 …………………………… 36

第 03 章　Hive 数据定义与操作 …… 37
3.1　HiveQL 数据定义语言 ……………… 37
　3.1.1　创建数据库 ……………………… 38

　3.1.2　删除数据库 ……………………… 40
　3.1.3　创建表 …………………………… 40
　3.1.4　修改表 …………………………… 45
　3.1.5　删除表 …………………………… 46
　3.1.6　分区表 …………………………… 47
3.2　HiveQL 数据操作 …………………… 53
　3.2.1　向管理表中装载数据 …………… 54
　3.2.2　经查询语句向表中插入数据 …… 54
　3.2.3　单个查询语句中创建表并加载数据 … 55
　3.2.4　导入数据 ………………………… 55
　3.2.5　导出数据 ………………………… 56
3.3　本章总结 …………………………… 56
3.4　本章习题 …………………………… 57

第 04 章　HiveQL 数据查询基础 … 58
4.1　HiveQL 数据查询语句 ……………… 58
　4.1.1　SELECT 语句 …………………… 58
　4.1.2　WHERE 语句 …………………… 59
　4.1.3　GROUP BY 语句 ………………… 60
　4.1.4　HAVING 分组筛选 ……………… 61
　4.1.5　ORDER BY 语句和
　　　　SORT BY 语句 …………………… 62
4.2　HiveQL 连接查询语句 ……………… 64
4.3　本章总结 …………………………… 70
4.4　本章习题 …………………………… 70

第 05 章　HiveQL 数据查询进阶 … 71
5.1　Hive 内置函数 ……………………… 71
　5.1.1　数学函数 ………………………… 72
　5.1.2　字符函数 ………………………… 74
　5.1.3　转换函数 ………………………… 76
　5.1.4　日期函数 ………………………… 76
　5.1.5　条件函数 ………………………… 77

5.1.6 聚合函数 ……………………… 77
5.2 Hive 构建搜索引擎日志数据分析系统 … 79
5.2.1 数据预处理（Linux 环境）………… 79
5.2.2 基于 Hive 构建日志数据的数据仓库 … 81
5.2.3 数据分析需求（1）：条数统计 ……… 84
5.2.4 数据分析需求（2）：关键词分析 …… 84
5.2.5 数据分析需求（3）：UID 分析 …… 85
5.2.6 数据分析需求（4）：用户行为分析 ……………………… 86
5.3 Sqoop 应用与开发 ……………… 88
5.3.1 Sqoop 简介 …………………… 89
5.3.2 Sqoop 安装部署 ……………… 89
5.3.3 Sqoop 将 Hive 表中的数据导入 MySQL ……………………… 91
5.4 本章总结 ……………………… 96
5.5 本章习题 ……………………… 96

第 06 章　Hive 数据库对象与用户自定义函数 ………… 97

6.1 Hive 视图 …………………… 97
6.1.1 创建视图 …………………… 98
6.1.2 查看视图 …………………… 98
6.1.3 视图应用实战 ………………… 99
6.1.4 删除视图 …………………… 100
6.2 Hive 分桶表 ………………… 100
6.2.1 创建表 ……………………… 101
6.2.2 插入数据 …………………… 101
6.3 Hive 用户自定义函数 ………… 102
6.3.1 用户自定义函数简介 ………… 102
6.3.2 UDF 应用开发 ……………… 103
6.4 Hive 用户自定义聚合函数 …… 105
6.4.1 用户自定义聚合函数简介 …… 105
6.4.2 UDAF 应用开发 …………… 105
6.5 本章总结 …………………… 108
6.6 本章习题 …………………… 108

第 07 章　Azkaban 任务调度器 … 109

7.1 Azkaban 简介 ……………… 109
7.1.1 Azkaban 基本原理 ………… 110
7.1.2 Azkaban 核心组件 ………… 111
7.2 Azkaban 安装部署 ………… 112
7.2.1 准备工作 …………………… 112
7.2.2 安装 MySQL ……………… 112
7.2.3 配置 MySQL ……………… 113
7.2.4 配置 AzkabanWebServer … 114
7.2.5 启动 AzkabanWebServer 服务器 …………………… 116
7.2.6 配置 AzkabanExecutorServer … 116
7.2.7 启动 AzkabanExecutorServer 执行服务器 ………………… 117
7.2.8 登录访问 WebServer 并创建工作流调度项目 …………… 117
7.3 Hadoop 作业的设置与书写 … 119
7.4 Hive 作业的设置与书写 …… 128
7.5 本章总结 …………………… 130
7.6 本章习题 …………………… 131

第 08 章　电商推荐系统开发实战 … 132

8.1 构建数据仓库 ……………… 132
8.1.1 创建数据仓库 ……………… 133
8.1.2 创建原始数据表 …………… 134
8.1.3 加载数据到数据仓库 ……… 136
8.1.4 验证数据结果 ……………… 136
8.2 数据清洗 …………………… 139
8.2.1 创建临时表 ………………… 139
8.2.2 数据清洗详细步骤 ………… 140
8.2.3 验证清洗 …………………… 143
8.3 推荐算法实现 ……………… 144
8.3.1 Mahout 安装部署 ………… 144
8.3.2 itembase 协同过滤推荐算法 … 147
8.3.3 路径准备 …………………… 148

| 8.3.4 运行推荐算法 ·················· 150
| 8.3.5 查看推荐结果 ·················· 151
| 8.4 数据 ETL ····························· 152
| 8.4.1 获取数据 ······················ 152
| 8.4.2 创建数据库和表 ·············· 152
| 8.4.3 加载数据 ······················ 153
| 8.4.4 验证 ETL 过程 ·············· 153
| 8.5 本章总结 ································ 155
| 8.6 本章习题 ································ 156

第 09 章 汽车销售数据分析系统实战开发 ············ 157

9.1 数据概况 ································ 157
9.2 项目实战 ································ 158
9.2.1 构建数据仓库 ·················· 158
9.2.2 创建原始数据表 ············· 159
9.2.3 加载数据到数据仓库 ······· 161
9.2.4 验证数据结果 ·················· 161
9.2.5 统计乘用车辆和商用车辆的销售数量和销售数量占比 ·········· 162
9.2.6 统计山西省 2013 年每个月的汽车销售数量的比例 ··········· 162
9.2.7 统计买车的男女比例及男女对车的品牌的选择 ··············· 163
9.2.8 统计车的所有权、车辆型号和车辆类型 ······················· 165
9.2.9 统计不同类型车在一个月（对应一段时间，如每月或每年）的总销量 ····· 167
9.2.10 通过不同类型（品牌）车销售情况，来统计发动机型号和燃料种类 ··· 168
9.2.11 统计五菱某一年每月的销售量 ····· 168
9.3 本章总结 ································ 169
9.4 本章习题 ································ 169

第 10 章 新浪微博数据分析系统实战开发 ············ 170

10.1 数据概况 ······························· 170
10.1.1 数据参数 ······················ 170
10.1.2 数据类型 ······················ 171
10.2 项目实战 ······························· 172
10.2.1 组织数据 ······················ 172
10.2.2 统计需求 ······················ 174
10.2.3 特殊需求 ······················ 179
10.2.4 数据 ETL ···················· 182
10.3 本章总结 ······························· 184
10.4 本章习题 ······························· 184

第 01 章 数据仓库基础

本章要点
- 数据处理平台
- 数据库
- 关系型数据库
- 数据仓库
- 数据仓库设计理念
- 数据仓库 VS 数据库

本章将围绕数据处理平台介绍数据库的概念、关系型数据库的概念、数据仓库基础概念、数据仓库设计理念以及数据仓库与数据库的异同,帮助读者充分理解数据仓库和关系型数据库的基础概念以及数据仓库与数据库各自的实战应用方向。

1.1 数据处理平台

人类在 21 世纪迎来了数据爆炸的 PC 互联网、移动互联网、可穿戴式互联网的三大融合时代。人类积累了海量的数据,衡量数据的单位正在从 TB(1 024 GB)改迈向 PB(1 024 TB)、EB(1 024 PB)、ZB(1 024 EB)甚至是 YB(1 024 ZB)。那么,如何来管理这些数据就是一个问题了。有效管理这些数据直接决定了人类经济发展的速度,因为经济的发展离不开管理,而管理的进步离不开软件,软件的发展其实就是数据程序化智能处理技术的发展。所以,你会发现在我国经济发达的地方,软件行业同样发达,比如我们所熟悉的北上广深等城市,汇集了我国软件行业的绝大多数公司。

下面就由我来给大家介绍两款信息时代下数据管理软件，那就是 DataBase（数据库，DB）和 DataWarehouse（数据仓库，DW）。这是我们这个时代离不开的两款数据处理的平台。举个简单的例子，你在网上购物的时候首先需要注册，注册的信息就被存储到 DB 里了。在一个电商平台上有千千万万的用户在购物，就会产生许多的商品数据、用户数据、订单数据、营销数据……那么，我们可以通过对这些数据进行统一的整合分析管理进而为用户提供更丰富、更精确、更适合的电商购物服务，同时也为电商企业自身带来营销收益的最大化，那么这就是 DW 来做的事情了。

1.2 数据库

数据库，顾名思义那就是存放数据的仓库，按一定的方式将数据存储在一起、能与多个用户共享。也可视其为电子文件柜，即存储电子文件的处所，用户可以对文件中的数据进行新增、修改、查询、删除等操作。当然，用户也可用计算机语言开发程序来操作数据库，例如通过 Java 语言设计程序来访问操作数据库。那到底什么是数据库呢？其实就是计算机工程师利用计算机硬件和程序设计语言开发的、一个对外发布的、高可用的成熟软件产品。其中，硬件提供物理存储；软件提供数据的自动化管理，官方统称其为数据库管理系统。

数据库按照存放数据方式的不同，可以分为关系型数据库和非关系型数据库两大类。常见的关系型数据库有 MySQL、Oracle、DB2、Sybase、PostgreSQL、SQLServer、Access 等，其中 MySQL 数据库是我们学习 Hive 大数据技术的基础。要学习本书即将要介绍的 Hive 大数据平台的数据仓库，就必须有 MySQL 数据库的基础或者其他相关数据库基础。另外，常见的非关系型数据库有 BigTable(Google)、HBase(Apache)、Redis、MongoDB、Cassandra 等，其中 BigTable、HBase 是后续内容中所要介绍的大数据技术，敬请期待。

1.3 关系型数据库

关系型数据库是建立在关系模型基础上的数据库，关系模型其实就是人们常说的二维表，由行和列组成。Office 办公软件中的 Excel，它就是以二维表格行与列的形式存放数据。所以，这种以关系模型存放的数据也被称为结构化数据。关系型数据库从应用角度来说，是为用户提供即时服务的，比如即时查询、即时更新、即时删除、即时新增等服务。通俗来讲，就是能够对用户的请求操作做出毫秒级的时延响应。

1.3.1 数据库三范式

数据库厂商在设计数据库时，都采用数据结构存储算法，而主导市场的基于关系模型的关系型数据库所采用的数据结构算法就是 B+ 树。简单来说，B+ 树数据结构算法的优点是，在 GB 级的数据量内可提供毫秒级低时延的数据访问，但当数据体量超过 GB 级时，数据访问所消耗的时间会急剧增加，数据访问的时延就会增高。所以，对于关系型数据库，在设计表结构数据存储时，就需要考虑如何提高数据的效率、低冗余存储，即避免数据的重复存储。人们在设计关系型数据库表结构时发现了一个定律，那就是数据库三范式，用来解决数据的冗余即数据重复存储问题，保证数据库中不出现重复的数据，进而保证数据的体量控制在 GB 级。

1. 第一范式

第一范式（1NF）解决数据库表设计中字段的原子性，即表中的每个字段都是原子级不可分割的数据项，而不能是集合、数组、记录等非原子数据项。比如企业要建立一个所有员工信息的数据库，有一个字段是员工的家庭地址，字段见表 1-1。

表 1-1

	Name	Code	DataType	Length	Primary
1	家庭地址	addressInfo	varchar(300)	300	

这个字段就可以拆分成如下 4 个字段：国籍、省份、市和具体地址。

拆分后的 4 个字段，每一个都具有原子性，这 4 个字段统一起来记录了一个员工的家庭地址信息，可称为记录或实例，如此就遵循了数据库表设计原则第一范式，详见表 1-2。

表 1-2

	Name	Code	DataType	Length	Primary
1	国籍	nationality	varchar(30)	30	
2	省份	province	varchar(30)	30	
3	市	city	varchar(40)	40	
4	具体地址	info	Varchar(300)	300	

2. 第二范式

第二范式（2NF）是在第一范式（1NF）的基础上建立起来的，即满足第二范式必须先满足第一范式，然后要求数据库表中的每个记录或实例能够被唯一主键标识，即一行数据只做一件事，解决行级别的主键唯一性问题。但若数据列中出现数据重复，就要把表拆分开来。下面，我们来看表1-3。

表1-3

	Name	Code	DataType	Length	Primary
1	订单编号	orderId	varchar(30)	30	ü
2	产品号	productId	int		
3	购买人	name	varchar(30)	30	
4	购买人电话	phone	varchar(20)	20	
5	身份证	carNum	varchar(20)	20	

当一个人同时购买多件商品时，就会产生多条数据，其中购买人都是重复的，这就造成数据冗余，所以我们应该把这张表拆分开来，分为订单信息表和购买人信息表，这就是遵循数据库设计第二范式，见表1-4和表1-5。

表1-4

	Name	Code	DataType	Length	Primary
1	订单编号	orderId	varchar(30)	30	ü
2	产品号	productId	int		
3	购买人编号	peoId	varchar(30)	30	

表1-5

	Name	Code	DataType	Length	Primary
1	购买人编号	peoId	varchar(30)	30	ü
2	购买人	name	varchar(30)	30	
3	购买人电话	phone	varchar(20)	20	
4	身份证	carNum	varchar(20)	20	

3. 第三范式

第三范式（3NF）是在第二范式（2NF）的基础上继续解决在一行数据中不能存在传

递函数依赖关系,即每个属性都跟主键有直接关系而不是间接关系。例如 A→B→C 属性之间含有间接依赖或传递函数依赖关系,是不符合第三范式的。下面通过一个案例来说明第三范式的应用。我们有一张员工信息表,其中字段包含员工号、姓名、年龄、性别、所在公司、公司地址和公司电话,详见表 1-6。

表 1-6

	Name	Code	DataType	Length	Primary
1	员工号	empId	varchar(30)	30	ü
2	姓名	empName	varchar(30)	30	
3	年龄	age	int		
4	性别	sex	varchar(10)	10	
5	所在公司	company	varchar(60)	60	
6	公司地址	compAddress	varchar(200)	200	
7	公司电话	compTelephone	varchar(50)	50	

这样一个表结构其实就存在上述所描述的传递依赖关系:员工号→所在公司→(公司地址、公司电话),根据数据库第三范式的设计规则,我们应该将其拆开(员工号、姓名、年龄、性别、所在公司)和(所在公司、公司地址、公司电话),详见表 1-7 和表 1-8。

表 1-7

	Name	Code	DataType	Length	Primary
1	员工号	empId	varchar(30)	30	ü
2	姓名	empName	varchar(30)	30	
3	年龄	age	int		
4	性别	sex	varchar(10)	10	
5	所在公司	company	varchar(20)	20	

表 1-8

	Name	Code	DataType	Length	Primary
5	所在公司	company	varchar(20)	20	ü
6	公司地址	compAddress	varchar(200)	200	
7	公司电话	compTelephone	varchar(50)	50	

总之,数据库三范式是一般数据库设计的基本原则,数据库表的设计很多时候取决于

业务需求的变化，也不能一味地追求范式设计规则。通过数据库三范式的设计，我们可以建立数据冗余较小、结构合理的数据库。

1.3.2 数据库事务

当设计好一个数据库之后，就可以对外提供业务服务了，例如注册、登录、修改用户信息等操作，你会发现所有的这些操作会立刻得到响应，并且数据库中的行记录信息也会立刻新增、删除或者更新。再举个现实生活中的例子：在银行有一个业务叫转账汇款，假如 A 账户准备给 B 账户汇款 1000 元，数据库的底层是如何实现的呢？首先 A 账户对应有一张数据库账户 A 表，B 账户也有一张对应的数据库账户 B 表，此时要完成转账汇款操作，则需要先发出一条 SQL 操作命令更新 A 表，将其账户金额减少 1000 元，然后发出一条 SQL 操作命令更新 B 表，将其账户金额增加 1000 元。

围绕此单个逻辑工作单元执行的一系列操作，即 A 账户减少 1000 元的操作和 B 账户增加 1000 元的操作，要么完全执行，要么完全不执行。A 账户少了 1000 元，而 B 账户并没有增加 1000 元，这种现象在银行是绝对不允许的，它是一种非法行为。

以上所描述的就是一个数据库事务，它是数据库运行中的逻辑工作单位。因此人们规定，一个逻辑单位要成为事务则需要满足 4 个必要条件，它们就是所谓的 ACID，Atomicity（原子性）、Consistency（一致性）、Isolation（隔离性）和 Persistence（持久性）。

原子性：事务是原子工作单元，即事务里的所有操作，要么全部成功，要么全部失败，只要有一个操作失败，整个事务就失败，需要回滚。比如以上的转账，要么 A 账户表和 B 账户表的更新操作都成功，要么更新操作都不成功。不能出现 A 账户表更新成功了，而 B 账户表更新失败，如此就违背了事务的原子性。

一致性：事务在完成时，数据库要一直处于一致的状态，事务的运行不会改变数据库原本的一致性约束，所有的数据都必须保持一致的状态。比如在以上的转账业务中，A 账户少 1000 元，B 账户就必须多 1000 元。A 表与 B 表的数据更新要保持一致。

隔离性：隔离性是指并发的事务之间相互隔离、互不影响。比如以上的转账业务在执行过程中是隔离、独立的，如果此时出现另一个事务，如 C 账户将 1000 元转入 A 账户，那么只要 A 账户转入 B 账户 1000 元的事务未提交，则 C 账户转入 A 账户的事务中 A 账户的数据，就不受 A 账户转入 B 账户 1000 元的未提交事务的影响。

持久性：持久性是指一旦事务提交后，它所做的修改将会永久保存在数据库，即使出现宕机，数据也不会丢失，对系统的影响是永久性的。比如一旦完成以上转账业务，那么 A 账户就永远少了 1000 元，而 B 账户就永远多了 1000 元。

1.3.3 数据库设计理念

通过以上几小节对数据库知识的学习，我想告诉大家的是，数据库的设计理念是基于事务的，也就是它在企业应用的过程中所起到的作用是为用户提供即时服务。比如，当企业开发一个新客户时，需要立刻将该新客户的信息存储到企业运营系统中，此时就产生了一个事务，生成一条数据库记录数据存入数据库表中。但在互联网、PC 互联网、可穿戴式互联网三大融合时代的今天，数据在以 TB、PB、EB 级爆炸式增长，企业如何运用这些快速增长的数据提高自己的运营效率，为用户创造更好的体验，为企业创造更高的利润？那就离不开"数据仓库"这个产品了。

1.4 数据仓库

数据仓库的概念是由数据仓库之父 Bill Inmon 于 1990 年提出的，旨在帮助企业快速有效地从大量资料数据中分析出有价值的信息，以利决策拟定及快速回应外部变化，帮助企业构建商业智能（Business Intelligence，BI）系统应用。

那么，数据库和数据仓库有什么不同？为什么有了数据库还需要数据仓库呢？

那就让我们来看看在以前没有数据仓库产品时，人们是如何应用数据库来构建下游商业智能系统的。

1.4.1 无数据仓库的时代

在没有数据仓库的时代，人们通过编写程序从源系统数据库中抽取、加工、清洗以及汇总和整理数据，进而构建各类 BI 应用，例如银行的零售客户关系管理系统、银行绩效管理系统、银行 1104 报表系统等，如图 1-1 所示。

从图中可以看出，各类 BI 下游系统都要直接从源业务系统数据库中抽取数据，如此这般就会给源系统造成访问压力，对源系统用户的正常使用造成一定的影响。通俗来讲，就相当于源业务系统会经常性地收到 BI 下游系统的攻击。而且直接从源系统数据库中抽取数据，其 BI 下游系统自身也会面临数据清洗、加工、汇总和整理的艰巨任务，面临数据处理时延增大的风险等。随着数据体量不断增大，各类 BI 下游系统也将面临更严峻的挑战甚至是系统瘫痪。正因如此，数据仓库得到了发展，翻开了数据处理的新篇章。

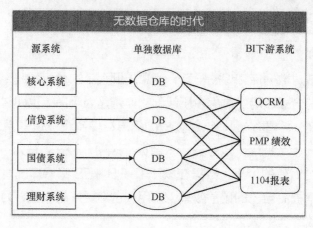

图 1-1

1.4.2 数据仓库的发展

数据仓库的到来，使得数据库从企业 BI 系统中解耦出来。企业各类前场业务系统源数据库中的数据抽取、清洗、整理和汇总等任务都由数据仓库独立完成。而各类下游 BI 系统不再从原业务系统数据库中直接抽取源数据了，而是从数据仓库中获取已经经过加工处理的各类前场业务系统所产生的数据，无论是数据源头的数据采集，还是数据后场的整体处理，都交给了数据仓库。需要时，下游 BI 系统直接从数据仓库中获取自己想要的数据就可以了，因此数据处理流程和速度都得到了空前的改进和提高，如图 1-2 所示。

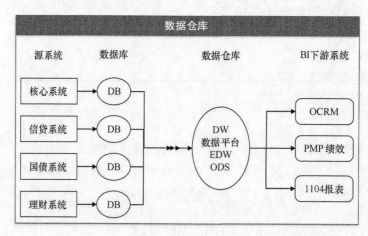

图 1-2

数据仓库也叫数据平台、企业数据仓库、操作型数据存储，是面向主题的、集成的、可变的、反映当前数据值和详细的数据集合。

1.5 数据仓库设计理念

首先，我们一起来看看项目开发中数据管控的体系架构，如图1-3所示。

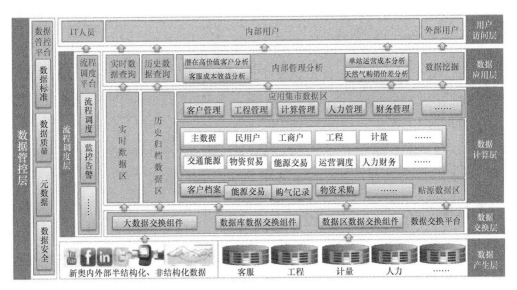

图1-3

从图的右下方的图形往上看，依次分为数据产生层、数据交换层、数据计算层、数据应用层和用户访问层。其中，数据产生层就是企业的前场各个业务应用系统，它们是数据产生的源头，从图中可以看到客服系统、工程系统、计量系统、人力系统等，还有一些基于移动终端的半结构化和非结构化的数据。

数据交换层，主要用于从各个前场业务应用系统采集和抽取数据，这一层决定了数据获取的安全、快慢和效率，它包含数据区数据交换组件、数据库数据交换组件和大数据交换组件。

数据计算层，处于数据仓库，在整个项目架构中的核心位置，其内部结构分为贴源层（贴源数据区或近源层）、建模型（整合层）和应用层（应用集市数据区）。

首先，贴源层也叫近源层，就是距离源系统数据最近的那一层，即跟源系统数据存储结构相同的ODS（Operational Data Store）层，也叫操作数据存储层。也就是说，这一层负责将源系统的数据利用交换层技术抽取过来直接存储，其存储表结构跟源系统是一模一样的。

其次，建模层即模型层也叫整合层，主要负责按照概念模型、逻辑模型、物理模型的递进设计思想，对企业操作型历史数据进行主题域设计建模，然后分析、细化主题域，定义主题域内部实体之间的逻辑关系以及实体的属性等，进而在数据仓库中建表、索引等，并为满足高性能的数据访问需求增加相应的数据冗余及表之间的约束关联，但尽可能遵循数据库三范式设计思想。如图 1-3 所示，该模型层涉及了交通能源、物资贸易、民用户、工商户、工程、计量等主题域。

最后，应用层也叫应用集市层，是在数据仓库模型层的基础上根据业务分析需要对数据进行多维度的构造分析，形成可供上层系统应用的星状或雪花状数据，包括客户管理、工程管理、计量管理、人力管理、财务管理等数据模块。

数据应用层，主要从数据仓库中获取数据，是进行数据挖掘和内部管理分析的数据应用模块。

用户访问层，主要用于企业为内部用户、外部用户和 IT 人员提供全局统一、详细的信息服务，相当于企业的服务门户，其数据来源于数据应用层。

1.6 数据库与数据仓库的不同

通过对以上内容的学习，我们看到数据库和数据仓库都是用来存储企业信息的，但数据库一般存放的是企业即时业务下产生的数据，比如信贷系统、国债系统、理财系统等前端业务系统应用，即在具体的业务服务过程中所产生的即时数据。而数据仓库一般存放的是企业的历史数据和对历史数据抽取、清洗、加工、汇总和处理后的操作型数据。进一步讲，数据仓库就是对企业原有各个分散的前场基于客户应用的业务系统数据库中的数据进行抽取、清理、加工、汇总和整理得到的，且在此过程中必须消除源数据中的不一致性，以保证数据仓库中的信息是企业的全局一致的信息。例如在银行有核心系统、信贷系统、国债系统、理财系统等。也许在这几个系统中都有关于某客户的业务交互数据，那么数据仓库就是对这些分散在各业务系统中的客户交互数据进行抽取、清洗、加工、汇总，并且消除各个业务系统中该客户的不一致数据信息，从而保证数据仓库内关于该客户的信息是全局一致的。

所以，数据库是基于事务处理数据的，企业各个前场业务系统之间的数据存储都是独立的，例如银行的核心系统、信贷系统、国债系统以及理财系统等，它们针对客户数据的存储、处理都是独立的。而数据仓库是面向主题域组织数据的，也就是说数据仓库会按照某一个或几个主题域进行数据的存储、加工。比如按主题域从银行的核心系统、信贷系统、国债系统和理财系统中抽取某一客户分散在这几个业务系统中的所有客户数据信息，然后进行系统的加工、汇总和整理，并消除各个源系统中关于该客户信息不一致的问题，形成对于整个银行来说全局统一的该客户主题域的数据信息。

因此，数据仓库就是一个面向主题的、集成的、相对稳定的、反映历史变化的数据集合，主要供企业决策分析。其中的数据通常都是企业的历史数据，记录了企业从过去某一时间点到当前的各个阶段的信息，通过这些信息，可以对企业的发展历程和未来趋势做出定量分析和预测。

随着互联网、移动互联网、可穿戴式设备的崛起，数据大爆炸时代正式来临，数据正以 TB、PB、EB 级的速度增长，显然传统的数据仓库或数据平台已经不能支撑如此海量数据的处理了，那么数据仓库又应如何应对呢？

这就是下一章要介绍的大数据平台的数据仓库 Hive。Hive 数据仓库处理平台的业务概念就是以上所介绍的数据库和数据仓库的业务数据处理模型，只是 Hive 为我们提供了新型的大数据分布式存储、分布式计算处理平台，使得数据仓库的设计理念延伸到了大数据生态圈，进而产生了 Hvie 数据仓库，让我们拭目以待。

1.7 本章总结

通过本章的学习，我们掌握了数据库的基础概念、关系型数据的设计三范式、关系型数据库的事务概念、数据仓库的基础概念、数据仓库的设计理念以及数据库与数据仓库的异同。深入理解这些概念，掌握知识要点，可以为后面学习大数据平台数据仓库 Hive 打下坚实的基础。

1.8 本章习题

1. 什么是数据库？
2. 什么是数据仓库？
3. 关系型数据库的设计三范式是什么？
4. 关系型数据库的事务有哪些特性？
5. 数据库与数据仓库有什么区别？
6. 数据库与数据仓库的设计理念分别是什么？

第 02 章 Hive 安装部署

本章要点
- Hive 基本概念
- Hive 安装部署
- MySQL 安装部署
- Hive 基本数据类型
- Hive 集合数据类型

本章将介绍大数据平台数据仓库 Hive 的基本概念、Hive 安装部署、MySQL 安装部署、Hive 基本数据类型以及 Hive 集合数据类型，为操作 Hive 数据仓库打好基础。

2.1 Hive 基本概念

Hive 是基于 Hadoop 平台的数据仓库工具，是建立在 Hadoop 上的数据仓库基础架构，用于存储和处理海量的结构化数据。所以学习 Hive 之前必须具备 Hadoop 的相关知识。

2.1.1 Hive 简介

Hive 数据仓库底层的数据存储，依赖的是 Hadoop 平台的分布式文件系统（HDFS），而不是关系型数据库；Hive 数据仓库的底层计算处理数据依赖的是 Hadoop 平台的分布式计算框架 MapReduce。但 Hive 为我们提供了一套类数据库的数据存储和处理机制，即 Hive 数据仓库工具有一套完整的类数据库的数据定义语言、数据操作语言和结构化查询语言，即 Hive 查询语言等。

Hive 采用 HQL 查询语言对这些海量数据进行自动化的管理和计算，使得操作 Hive 就像操作关系型数据库一样。我们可以把 Hive 中海量结构化数据的组织看成一个个表，而实际上这些数据以分布式存储在 Hadoop 平台的 HDFS 分布式文件系统。Hive 对 HQL 语句进行解析和转换，最终生成一系列基于 Hadoop 平台的 map/reduce 任务，通过执行这些任务完成数据的处理。

Hive 不仅提供了一个 SQL 用户所熟悉的编程模型，还消除了大量的通用代码，甚至是那些 Java 编写的令人棘手的代码。Hive 对于 Hadoop 是非常重要的，其优点是学习成本低，可以通过类 SQL 语句快速实现简单的 MapReduce 统计，不必开发专门的 MapReduce 应用，十分适合数据仓库的统计分析，应用开发灵活而高效。

我们若掌握关系型数据库知识，在学习 Hive 开发时就更容易上手。所以，最好是掌握一门数据库技术，如 MySQL、SqlServer、Oracle、DB2、Sybase、PostgreSQL 中的任何一个都可以。当然，最好是掌握 MySQl，因为它是实践大数据技术中经常会用到的一个数据库。

2.1.2　Hive 设计特性

Hive 不适合做低时延的数据访问：通过对上一小节内容的学习，我们知道 Hive 是构建在 Hadoop 平台之上的，其数据存储依赖于 HDFS、数据计算依赖于 MapReduce，所以 Hive 也可以说是构建在静态批处理的 Hadoop 之上。批处理的时延本身就很高，所以对于像数据库那种低时延的数据访问需求，Hive 是不适合的。因此，数据仓库数据静态批处理才是 Hive 的强项，例如海量数据迁移、海量数据过滤、海量数据清洗、海量数据挖掘等。当然，对于 Hive 来说，低时延的访问业务需求场景是很少的，如果有，大数据平台也提供了解决方案，就是实时计算领域的 HBase。

Hive 可以自由扩展：Hive 的存储能力和计算能力都取决于 Hadoop 平台的集群规模，若想进一步增强 Hive 处理数据的能力，只需要扩展 Hadoop 集群的规模即可，一般情况下不需要重启服务。

Hive 具有很强的延展性：前面说过，Hive 提供了一套类 SQL 数据库的语言，所以其中也包含了许多 Hive 的内置函数，就像数据库中的内置函数一样，如 SUM() 求和函数、COUNT() 统计函数、AVG() 求平均值函数等。Hive 的延展性就体现在除了这些内置函数外，还提供了开放的 Java 接口，开发人员可以通过开发实现 Java 接口，编写特殊应用场景的自定义函数。

Hive 具有良好的容错性： Hive 在执行 HQL 语言的过程中，即便集群中某个节点出现故障，也不会影响 Hive 正常执行 HQL 语言，所以说 Hive 具有良好的容错性。为什么呢？究其原因，不难理解，因为 Hive 在执行过程中会将 HQL 语言解析和转化为 MapReduce 的 map/reduce 任务，并启动 MapReduce 的 Job（作业）来执行此 HQL 语言，而 MapReduce 自身就具备推测执行的容错机制，即不会因为某个节点的故障而导致 MapReduce 的 Job 执行失败，详细请查看《Hadoop 大数据开发实战》一书中关于 MapReduce 设计目标中的容错机制的章节。

2.1.3　Hive 与传统数据库的对比

Hive 是大数据领域的数据仓库，下面我们将其与传统数据库做一个比较，如表 2-1 所示。

表 2-1

目录	Hive 数据仓库	RDBMS 关系型数据库
查询语言	HQL	SQL
数据存储	HDFS	Raw Device or Local FS
语句执行	MapReduce	Executor 物理线程
执行时延	高	低
处理数据规模	PB 级以上	GB 范围内
索引	BitMap 位图索引	有复杂的索引

2.2　Hive 安装部署

1．安装条件

Hive 需要在 Hadoop 已经成功安装，并且要求 Hadoop 已经正常启动，Hadoop 正常启动的验证过程如下所示。

首先，使用下面的命令，看可否正常显示 HDFS 上的目录列表。

```
[ydh@master ~]$ hadoop fs -ls hdfs://master:9000/
```

```
[ydh@master ~]$ hadoop fs -ls hdfs://master:9000/
Found 6 items
-rw-r--r--   2 ydh supergroup        416 2019-02-19 18:02 hdfs://master:9000/Hello.class
-rw-r--r--   2 ydh supergroup        104 2019-02-19 18:01 hdfs://master:9000/Hello.java
-rw-r--r--   2 ydh supergroup        313 2019-02-19 18:05 hdfs://master:9000/RELEASE_NOTES.txt
drwx------   - ydh supergroup          0 2019-02-11 22:21 hdfs://master:9000/tmp
drwxr-xr-x   - ydh supergroup          0 2019-02-11 22:21 hdfs://master:9000/user
-rw-r--r--   2 ydh supergroup       1407 2019-02-19 18:02 hdfs://master:9000/yarn-site.xml
```

其次，使用浏览器查看相应界面，进入 HadoopMaster 节点的系统图形化界面，打开浏览器，在地址栏中输入 http://master:50070 查看 HDFS 分布式文件系统的 Web 可视化界面，如图 2-1 所示。

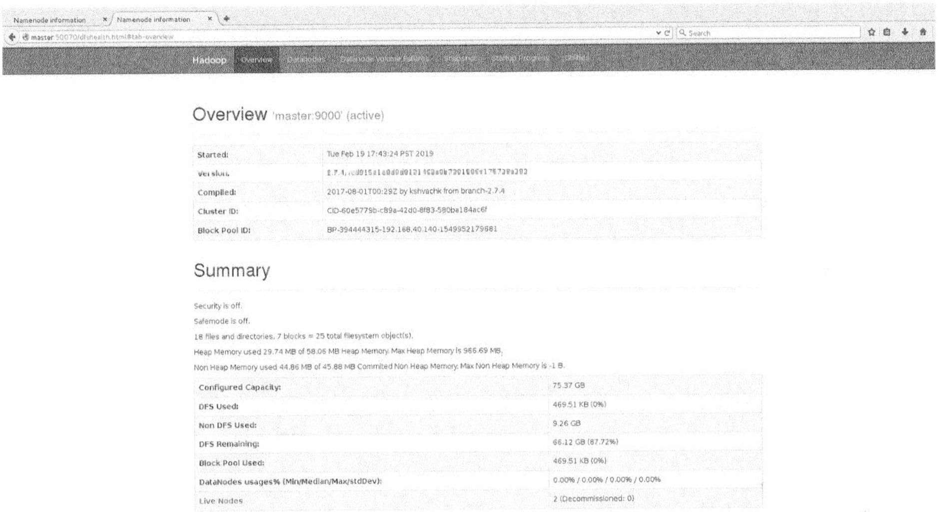

图 2-1

继续在浏览器的地址栏中输入 http://master:18088，查看 Hadoop YARN 平台的可视化 Web 界面，如图 2-2 所示。

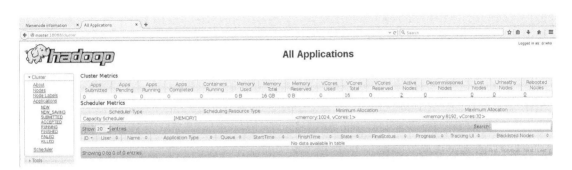

图 2-2

如果满足以上两个条件，表示 Hadoop 平台已经正常启动。下面，我们可以在

HadoopMaster、HadoopSlave 和 HadoopSlave1 三个节点中任选一个安装 Hive。Hive 是一个数据仓库工具，所以安装在任何一个节点都可以，实际开发中一般会找一个配置较高的节点安装。我们现在就将 Hive 安装在 HadoopMaster 节点上，以下所有的操作都使用 ydh 用户。

切换到 ydh 用户的命令是：su ydh

密码是：ydh

2. 下载和安装

首先从 Hive 官网下载其安装包，将其放到 HadoopMaster 节点的 /home/ydh/ 目录下。

```
[ydh@master ~]$ cd /home/ydh
[ydh@master ~]$ tar -zxvf apache-hive-1.2.2-bin.tar.gz
[ydh@master ~]$ ls -ls apache-hive-1.2.2-bin
```

依次执行以上命令，若出现如下界面，表示 Hive 初步安装成功。图中列表内容都是 Hive 所包含的文件，如下所示：

```
total 68
 4 drwxrwxr-x. 3 ydh ydh  4096 Feb 20 19:41 bin
 4 drwxrwxr-x. 2 ydh ydh  4096 Feb 20 19:42 conf
 0 drwxrwxr-x. 4 ydh ydh    32 Feb 20 19:41 examples
 0 drwxrwxr-x. 7 ydh ydh    63 Feb 20 19:41 hcatalog
12 drwxrwxr-x. 4 ydh ydh  8192 Feb 20 22:03 lib
28 -rw-r--r--. 1 ydh ydh 24754 Mar 30  2017 LICENSE
 4 -rw-r--r--. 1 ydh ydh   397 Mar 30  2017 NOTICE
 8 -rw-r--r--. 1 ydh ydh  4374 Mar 31  2017 README.txt
 8 -rw-r--r--. 1 ydh ydh  4255 Mar 31  2017 RELEASE_NOTES.txt
 0 drwxrwxr-x. 3 ydh ydh    22 Feb 20 19:41 scripts
```

bin 目录一般存放 Hive 启动和关闭及相应的工具命令；conf 目录一般存放 Hive 的核心配置文件，稍后我们就会在这个目录下对 Hive 进行一些核心配置；lib 目录一般存放的是 Hive 所依赖的第三方 Jar 包；其他目录跟我们开发应用 Hive 关系较少，就不逐一介绍了。

2.3 安装配置 MySQL

通过上一章的学习，我们知道数据仓库和数据库都是用来存储数据的，所以它们在存储形式上有一定的相似性，比如它们都有表、视图、索引等数据库对象，而且数据仓库存储的功能比数据库要强大很多。通俗来说，数据仓库中包含成百上千个数据库对象，而每个数据库中又包含成百上千个表、视图、索引等对象。所以，对于数据仓库来说，管理这些数据库和数据库中的表、视图、索引等对象就是一个难题。那么如何才能高效地管理呢？它所采用的方法就是元数据方法，元数据方法记录数据仓库中的每一个数据库的元信息以及每一个数据库中的表、视图、索引的元信息，通过集中管理数据仓库的这些元信息，为数据仓库的访问、数据迁移、清洗、整理及汇总等业务流程的开发提供了以最短时间来获取数据的途径，从而为数据仓库的业务应用开发提高效率。举个例子，如果我想在全国人口中找一个名叫王小明的人，如果从表中挨个找，显然不现实，而如果通过身份证号元数据信息来找，那就很快了，直接定位身份证号就可以了。这就是元数据信息统一管理的优势。

数据仓库通过一个专门的关系型数据库来管理自己内部的所有数据库及每个数据库中的表、视图、索引等元数据信息。也就是说，每当数据仓库中新创建一个数据库时，关于该数据库的元数据信息就会被记录下来，存储到这个专门为数据仓库配置的关系型数据库中。一般新创建的数据库的元信息包含库名、地址、创建日期等。同样，当该数据库中有表、视图、索引等被新建时，其表、视图、索引等的元数据信息也会被相应地记录下来，存储到为数据仓库配置的存放元数据的关系型数据库中。

对于数据仓库来说，管理其元数据信息尤为重要，而数据仓库的元数据信息一旦被损坏，整个数据仓库也就瘫痪了。那么，Hive 作为一个数据仓库，它的元数据信息存放在哪儿呢？其实，Hive 在设计开发的时候自带了一个数据库，名叫 Derby，用来存放 Hive 数据仓库的元信息。但 Derby 是基于内存的，而且不支持高并发访问，所以在实际生产环境中就不合适了，因此我们需要找另一个代替 Derby 的数据库，那么 MySQL 数据库最合适了。所以，将 MySQL 数据库配置为 Hive 的元数据信息存放库就迫在眉睫了。

MySQL 数据库的安装方式有 RPM 和 YUM 两种，任选其一即可，我们选择 RPM 的安装方式进行详细介绍。需要注意的是，MySQL 数据库可以安装在 HadoopMaster、HadoopSlave、HadoopSlave1 或者其他平台的任何一台服务器上，因为 Hive 通过 JDBC 技术远程连接的方式使用 MySQL 数据库，所以对于 MySQL 安装在哪里并无要求。那我们就选在 HadoopMaster 节点基于 CentOS7 Linux 服务器来安装 MySQL

通过 RPM 的方式安装

我们安装的版本是 MySQL5.6，首先检查 HadoopMaster 服务器上是否已经安装过 MySQL 及相关的 RPM 安装包，如果安装过，则先删除，操作命令如下所示。

```
[ydh@master ~]$ su root                    //安装MySQL必须在root用户下，所以先切换
                                             到root用户
[root@master ~]# rpm -qa | grep -i mysql   //查询MySQL的rpm相关安装包
```

```
[root@master ~]# rpm -qa | grep -i mysql
[root@master ~]#
```

通过以上命令没有发现 MySQL RPM 安装包，因为 CentOS7 版本已经不支持 MySQL 数据库，它默认支持 MariaDB 数据库。接下来，只需要将自己的 MySQL RPM 安装包复制到 HadoopMaster 节点的 /home/ydh 目录下进行安装即可。

```
[root@master ~]# cd /home/ydh       //进入到 /home/ydh 目录
[root@master ydh]# ls               //查看该目录文件列表
```

```
[root@master ydh]# ls
apache-hive-2.3.4-bin           jdk-8u144-linux-x64.tar.gz
apache-hive-2.3.4-bin.tar.gz    Music
Desktop                         MySQL-client-5.6.21-1.rhel5.x86_64.rpm
Documents                       MySQL-devel-5.6.21-1.rhel5.x86_64.rpm
Downloads                       MySQL-server-5.6.21-1.rhel5.x86_64.rpm
hadoop-2.7.4                    Pictures
hadoop-2.7.4.tar.gz             Public
hadoopdata                      Templates
Hello.class                     Videos
Hello.java                      yarn-site.xml
```

依次解压安装以下 3 个 RPM 安装包，命令如下：

```
[root@master ydh]# rpm -ivh MySQL-devel-5.6.21-1.rhel5.x86_64.rpm
[root@master ydh]# rpm -ivh MySQL-client-5.6.21-1.rhel5.x86_64.rpm
[root@master ydh]# rpm -ivh MySQL-server-5.6.21-1.rhel5.x86_64.rpm
```

```
[root@master ydh]# rpm -ivh MySQL-server-5.6.21-1.rhel5.x86_64.rpm
Preparing...                    ########################################### [100%]
        file /usr/share/mysql/charsets/README from install of MySQL-server-5.6.21-1.rhel5.x86_64 conflic
ts with file from package mariadb-libs-1:5.5.44-2.el7.centos.x86_64
        file /usr/share/mysql/czech/errmsg.sys from install of MySQL-server-5.6.21-1.rhel5.x86_64 confli
cts with file from package mariadb-libs-1:5.5.44-2.el7.centos.x86_64
        file /usr/share/mysql/danish/errmsg.sys from install of MySQL-server-5.6.21-1.rhel5.x86_64 confl
icts with file from package mariadb-libs-1:5.5.44-2.el7.centos.x86_64
        file /usr/share/mysql/dutch/errmsg.sys from install of MySQL-server-5.6.21-1.rhel5.x86_64 confli
cts with file from package mariadb-libs-1:5.5.44-2.el7.centos.x86_64
        file /usr/share/mysql/english/errmsg.sys from install of MySQL-server-5.6.21-1.rhel5.x86_64 conf
licts with file from package mariadb-libs-1:5.5.44-2.el7.centos.x86_64
        file /usr/share/mysql/estonian/errmsg.sys from install of MySQL-server-5.6.21-1.rhel5.x86_64 con
flicts with file from package mariadb-libs-1:5.5.44-2.el7.centos.x86_64
        file /usr/share/mysql/french/errmsg.sys from install of MySQL-server-5.6.21-1.rhel5.x86_64 confl
icts with file from package mariadb-libs-1:5.5.44-2.el7.centos.x86_64
```

CentOS7 Linux 服务器已经不再支持 MySQL 数据库，默认安装的是 MariaDB，它是 MySQL 的一个分支，所以当执行 rpm -ivh MySQL-server-5.6.21-1.rhel5.x86_64.rpm 命令的时候，会出现如上所示的文件冲突提示：安装 MySQL 服务器时的 /Usr/share/MySQL/charset/ReadME 字符编码与 CentOS7 自带的 MariaDB 冲突了，也就是说，在 CentOS7 Linux 系统中已经存在 mariadb-libs-1:5.5.44-2.el7.centos.

x86_64 版本，出现 MySQL 文件与 MariaDB 文件的冲突，所以我们需要先把 CentOS7 Linux 服务器系统下自带的 mariadb-libs-1:5.5.44-2.el7.centos.x86_6 文件数据库删除，操作命令如下：

```
[root@master ydh]# yum -y remove mariadb-libs-1:5.5.44-2.el7.centos.x86_64
```

执行完以上几条命令后，MySQL5.6 数据库就在 HadoopMaster 节点基于 CentOS7 Linux 服务器下安装成功了。

下面，我们初始化 MySQL 数据库和设置其登录密码，操作命令如下：

```
[root@master ydh]# /usr/bin/mysql_install_db      //初始化MySQL数据库
[root@master ydh]# service mysql start            //启动MySQL数据库服务器
[root@master ydh]# cat /root/.mysql_secret        //查看MySQL root用户的登录密码
```

The random password set for the root user at Tue Feb 19 21:40:36 2019 (local time): **S5tZAa9tTUoPcXpS**。这个密码是在安装 MySQL 时随机为数据库 root 用户生成的，每个服务器生成的都不一样，安装时查看自己的就可以。输入密码以 root 用户登录到 MySQL 数据库，命令如下：

```
[root@master ydh]# mysql -uroot -pS5tZAa9tTUoPcXpS  // 登录数据库
mysql>                                              //数据库主页
mysql>SET PASSWORD = PASSWORD("123456")             //修改root用户的登录密码为
                                                    //  123456
mysql> exit                                         //退出
[root@master ydh]# mysql -uroot -p123456            //重新登录数据库
```

设置允许远程登录，操作命令如下：

```
mysql> use mysql;                                   //使MySQL数据库为当前工作数据库
mysql> select host,user,password from user;         //查询主机、用户和密码信息
```

```
mysql> select host,user,password from user;
+-----------+------+-------------------------------------------+
| host      | user | password                                  |
+-----------+------+-------------------------------------------+
| localhost | root | *6BB4837EB74329105EE4568DDA7DC67ED2CA2AD9 |
| master    | root | *8F37A9B5E96A28877E12639E7699BA3D4979D375 |
| 127.0.0.1 | root | *8F37A9B5E96A28877E12639E7699BA3D4979D375 |
| ::1       | root | *8F37A9B5E96A28877E12639E7699BA3D4979D375 |
+-----------+------+-------------------------------------------+
4 rows in set (0.01 sec)
```

更新 root 用户密码为 123456，操作命令如下：

```
mysql> update user set password=password('123456') where user='root';
```

更新 host 为 '%' 解决远程登录问题，操作命令如下：

```
mysql> update user set host='%' where user='root' and host='localhost';
mysql> flush privileges;              //刷新MySQL系统权限信息表
mysql> exit                           //退出
```

接下来我们做一个测试，切换到 Windows 操作系统，打开可视化 MySQL 客户端应用程序，如图 2-3 所示。

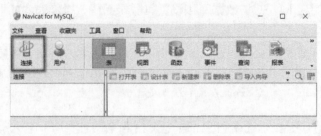

图 2-3

选择"连接"以远程的方式连接到 MySQL 数据库，如图 2-4 所示，输入连接名为 mysql，输入 HadoopMaster 服务器的 IP 地址 192.168.40.140 和密码 123456，然后点击"连接测试"按钮，若弹出如图 2-4 所示的提示，则表示远程连接测试成功！

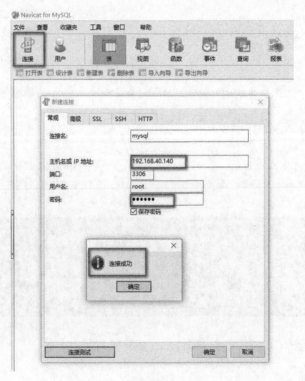

图 2-4

由于 MySQL 是轻量级的小型数据库，没有必要每次开机都手动启动数据库服务器，所以将其设置为开机自启动，即只要 HadoopMaster 服务器启动，MySQL 数据库服务器也跟着一起启动，在实际开发中方便使用。自启动的操作命令如下：

```
[root@master ~]# chkconfig mysql on           //打开开机自启动
[root@master ~]# chkconfig --list | grep mysql   //查看开机自启动状态
```

```
Note: This output shows SysV services only and does not include native
 systemd services. SysV configuration data might be overridden by native
 systemd configuration.

 If you want to list systemd services use 'systemctl list-unit-files'.
 To see services enabled on particular target use
 'systemctl list-dependencies [target]'.

mysql       0:off   1:off   2:on    3:on    4:on    5:on    6:off
```

```
[root@master ~]# chkconfig mysql off          //关闭开机自启动
[root@master ~]# chkconfig --list | grep mysql   //查看开机自启动状态
```

```
Note: This output shows SysV services only and does not include native
 systemd services. SysV configuration data might be overridden by native
 systemd configuration.

 If you want to list systemd services use 'systemctl list-unit-files'.
 To see services enabled on particular target use
 'systemctl list-dependencies [target]'.

mysql       0:off   1:off   2:off   3:off   4:off   5:off   6:off
```

MySQL 在 CentOS7 Linux 服务器上默认的安装路径有：/var/lib/mysql/ 数据库目录；/usr/share/mysql 数据库配置文件目录；/usr/bin 数据库相关命令目录；/etc/init.d/mysql 数据库启动脚本。

创建数据库普通用户，命名为 hadoop，当然你可以起任何用户名称，如 hadoop1、hadoop2、hadoop3 等，只要符合命名规范即可。由于 root 用户的操作权限大，在实际开发中只有数据库管理员拥有 root 用户权限。对于一般开发者，我们只需要普通用户的权限就可以了，所以接下来我们以 root 用户登录 MySQL 数据库，创建一个名叫 hadoop 的普通用户，后续我们用这个普通用户就可以了，操作命令如下：

```
[ydh@master ~]$ mysql -uroot -p123456   //以root用户角色登录MySQL数据库系统
mysql>
mysql> grant all on *.* to hadoop@'%' identified by 'hadoop';
mysql> grant all on *.* to hadoop@'localhost' identified by 'hadoop';
mysql> grant all on *.* to hadoop@'master' identified by 'hadoop';
mysql> flush privileges;
mysql> exit;
```

通过执行以上命令成功创建数据库普通用户 hadoop，用户名为 hadoop，密码为 hadoop。

```
[ydh@master ~]$ mysql -uhadoop -phadoop      //以hadoop用户名登录MySQL数据库系统
mysql>
mysql> create database hive_meta;            //创建数据hive_meta
mysql> show databases;
```

hive_meta 数据库会配置给 Hive 存放数据仓库的元数据信息，如下所示：

2.4 配置启动 Hive

下面我们就对刚才已经安装好的 Hive 进行配置。进入 Hive 安装目录下的配置目录，然后修改配置文件，操作命令如下：

```
[ydh@master ~]$ cd apache-hive-1.2.2-bin/conf/
[ydh@master conf]$ ls
beeline-log4j.properties.template   hive-exec-log4j.properties.template   ivysettings.xml
hive-default.xml.template           hive-log4j.properties.template
hive-env.sh.template                hive-site.xml
[ydh@master conf]$ pwd
/home/ydh/apache-hive-1.2.2-bin/conf
```

1. 创建配置文件

在配置目录 /home/ydh/apache-hive-1.2.2-bin/conf 下创建一个新文件 hive-site.xml，操作命令如下：

```
[ydh@master conf]$ vim hive-site.xml
```

将下面的内容添加到 hive-site.xml 文件中，操作如下所示：

```xml
<?xml version="1.0"?>
<?xml-stylesheet type="text/xsl" href="configuration.xsl"?>
<configuration>
        <!--配置Hive数据仓库的元信息存放在本地配置的MySQL数据库-->
        <property>
                <name>hive.metastore.local</name>
                <value>true</value>
```

```xml
        </property>
        <!--配置MySQL数据库的URL地址路径及配置数据库编码为UTF-8,其中master就是MySQL
数据库安装的服务器IP或主机名,hive_meta就是我们前面创建的准备存放Hive数据仓库元信息的数据
库名-->
        <property>
                <name>javax.jdo.option.ConnectionURL</name>
<value>jdbc:mysql://master:3306/hive_meta?characterEncoding=UTF-8 </value>
        </property>
                <!--配置MySQL数据库的连接驱动Driver-->
        <property>
                <name>javax.jdo.option.ConnectionDriverName</name>
                <value>com.mysql.jdbc.Driver</value>
        </property>
                <!--配置MySQL数据库登录用户名为:hadoop-->
        <property>
                <name>javax.jdo.option.ConnectionUserName</name>
                <value>hadoop</value>
        </property>
                <!--配置MySQL数据库登录密码为:hadoop-->
        <property>
                <name>javax.jdo.option.ConnectionPassword</name>
                <value>hadoop</value>
        </property>
</configuration>
```

2. 配置 MySQL 连接驱动

以上配置了 Hive 连接 MySQL 数据库的方式是 JDBC，那么 Hive 底层通过 JDBC 连接 MySQL 就需要连接 MySQL 数据库的 Java Connector，即驱动，可以在 MySQL 官方网站下载。我们直接将驱动 Jar 包复制到 Hive 第三方依赖包的目录 /home/ydh/apache-hive-2.3.4-bin/lib，操作命令如下：

```
[ydh@master ~]$ cd apache-hive-2.3.4-bin/lib/
[ydh@master lib]$ pwd
/home/ydh/apache-hive-2.3.4-bin/lib
```

将存储在 /home/ydh 目录下的驱动包 mysql-connector-java-5.1.28.jar 复制到 /home/ydh/apache-hive-2.3.4-bin/lib 目录下，操作命令如下：

```
[ydh@master lib]$ cp /home/ydh/mysql-connector-java-5.1.28.jar ./
[ydh@master lib]$ ls
```

3. 配置 Hive 系统环境变量

打开 /home/ydh/.bash_profile 环境变量配置文件，配置 Hive 系统环境变量，操作命令如下：

```
[ydh@master ~]$ vim /home/ydh/.bash_profile
export HIVE_HOME=/home/ydh/apache-hive-1.2.2-bin    #Hive的安装目录
export PATH=$HIVE_HOME/bin:$PATH                    #Hive的工具命令路径
```

保存退出，记得修改 .bash_profile 系统环境变量文件，需要重新生效，操作命令如下：

```
[ydh@master ~]$ source /home/ydh/.bash_profile
```

4. 启动并验证 Hive 安装

进入 Hive 安装主目录，启动 Hive 客户端，操作命令如下：

```
[ydh@master ~]$ cd apache-hive-1.2.2-bin
[ydh@master apache-hive-1.2.2-bin]$ bin/hive
```

如果出如下所示的提示，则表示 Hive 安装部署成功。

在 Hive 客户端输入命令 show databases，查看 Hive 数据仓库中所有数据库列表，我们看到了 Hive 数据仓库中默认的数据库 default。

```
hive> show databases;
```

我们可以在 Hive 数据仓库中创建新的数据库，操作命令如下：

hive> create database sogou;
hive> show databases;

再次登录 MySQL 数据库验证 Hive 数据仓库元数据信息，操作命令如下：

[ydh@master ~]$ mysql -uhadoop -phadoop
mysql>
mysql> show databases;

mysql> use hive_meta
mysql> show tables;

以上所列出的表就是用来存放 Hive 数据仓库元数据信息的表。例如当我们在 Hive 数据仓库中新创建一个数据库时，就会从 DBS 表中获取该新建数据库的相关元信息，操作步骤如下所示。

登录到 Hive 客户端，新建一个数据库，名为 sogou，操作命令如下：

```
[ydh@master ~]$ hive
hive>
hive> create database sogou;
hive> show databases;
```

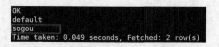

登录到 MySQL 数据库，访问 hive_meta 数据库中的表 DBS，查询 Hive 数据仓库中 sogou 数据库的元数据信息，操作命令如下所示：

```
[ydh@master ~]$ mysql -uhadoop -phadoop
mysql>
mysql> use hive_meta;
mysql> select DB_LOCATION_URI,NAME,OWNER_NAME from DBS;
```

通过以上的步骤，完成了 Hive 的安装部署和启动验证。

2.5　Hive 常用内部命令

在实际开发中，Hive 中最常见的一种操作方式是 CLI，就是我们前面所说的 Hive 客户端操作，下面我们通过 CLI 方式在 Hive 中执行 Linux 的 shell 命令和 Hadoop 命令行客户端命令。

首先，我们来看在 Hive 的 CLI 中执行 Linux 的 shell 命令，即 Hive 开发人员不需要退出 Hive CLI 就可以执行简单的 bash shell 命令，只需要在命令前加上叹号"!"，并且以分号";"结尾即可，具体操作命令如下所示：

```
[ydh@master ~]$ hive
hive>
hive> !pwd;                          #输出Hive当前工作默认路径
hive> !/bin/echo "Hello World!";     #调用echo命令在控制打印输出字符串HelloWorld
```

以上 Linux bash shell 脚本执行效果如下所示：

需要注意的是，Hive CLI 中不能使用需要用户输入的交互式命令，也不支持 shell 命令的"管道"功能和文件名的自动补全功能。

接下来，我们来看在 Hive CLI 中使用 Hadoop 的 dfs 命令。我们知道，Hadoop 的命令行格式是：hadoop dfs -ls hdfs://master:9000/，那么在 Hive 的 CLI 中，我们需要把命令前面的 hadoop 关键字去掉，然后以分号";"结尾就可以了，操作命令如下：

```
[ydh@master ~]$ hive
hive>
hive> dfs -ls hdfs://master:9000/
```

执行以上命令就可以访问 HDFS 分布式文件系统根目录下的文件列表，结果如下所示：

```
Found 6 items
-rw-r--r--   2 ydh supergroup        416 2019-02-19 18:02 hdfs://master:9000/Hello.class
-rw-r--r--   2 ydh supergroup        104 2019-02-19 18:01 hdfs://master:9000/Hello.java
-rw-r--r--   2 ydh supergroup        313 2019-02-19 18:05 hdfs://master:9000/RELEASE_NOTES.txt
drwx------   - ydh supergroup          0 2019-02-20 18:57 hdfs://master:9000/tmp
drwxr-xr-x   - ydh supergroup          0 2019-02-20 22:05 hdfs://master:9000/user
-rw-r--r--   2 ydh supergroup       1407 2019-02-19 18:02 hdfs://master:9000/yarn-site.xml
```

需要注意的是，在 Hive CLI 中使用 hadoop 命令的方式实际上比在 bash shell 客户端中执行 hadoop dfs 命令更高效，因为 bash shell 客户端每次都会启动一个新的 JVM 实例来运行 hadoop dfs 命令，而 Hive CLI 中无需新启动 JVM 进程，其会共享 Hive CLI 已经开辟的自身 JVM 进程来执行 hadoop dfs 命令。

2.6　Hive 数据类型

Hive 作为数据仓库，用来存放企业的海量数据，那么 Hive 在存放数据的时候是如何来定义和区分数据类型的呢？这就是我们下面要介绍的 Hive 数据类型。Hive 为我们提供了丰富的数据类型，如关系型数据库，而且它还提供了关系型数据库不支持的集合类型。

2.6.1　Hive 基本数据类型

Hive 提供了多种不同长度的整型和浮点型数据类型、布尔类型、无长度限制的字符串类型、时间戳类型、二进制数组类型等。表 2-2 列举了 Hive 所支持的基本数据类型。

表 2-2

数据类型	长度	例子
TINYINT	1byte 有符号整数	30
SMALLINT	2byte 有符号整数	30
INT	4byte 有符号整数	30
BIGINT	8byte 有符号整数	30
BOOLEAN	布尔类型 true 或者 false	true
FLOAT	单精度浮点数	3.14159
DOUBLE	双精度浮点数	3.14159
STRING	字符序列，可以指定字符集可以使用单引号或双引号	"hive is very good"，"ocean apart day after day"
TIMESTAMP	整数、浮点数或者字符串	1550738998125(Unix 新纪元秒)，1550738998125.123456789(Unix 新纪元秒并跟随有纳米数) 和 2019-02-21 01:02:05.123456789(JDBC 所兼容的 java.sql.Timestamp 时间格式)
BINARY	字节数组	属于集合类型，后文介绍

Hive 中所有的数据类型其实都是对 Java 中接口的实现，也就是说 Hive 中的数据类型底层的实现就是 Java 语言的数据类型。Hive 的 TINYINT、SMALLINT、INT、BIGINT 分别对应 Java 的整型 Byte、Short、Integer、Long；Hive 的 FLOAT、DOUBLE 分别对应 Java 的浮点型 Float、Double；Hive 的 BOOLEAN 对应 Java 的布尔类型 Boolean；Hive 的 STRING 对应 Java 的 String 类型；Hive 的 TIMESTAMP 对应 Java 的 java.sql.Timestamp 类型。

Hive 的 BINARY 数据类型和很多关系型数据库中的 VARBINARY 数据类型是类似的，但其和 BLOB 数据类型并不相同。BINARY 的列是存储在记录中的，而 BLOB 则不是。BINARY 可以在记录中包含任意字节，这样可以防止 Hive 尝试将其作为数字和字符串解析。

如果用户在查询中将一个 FLOAT 类型的列和一个 DOUBLE 类型的列作对比，那么结果将会怎么样呢？Hive 会隐式地将浮点类型转换为两个浮点类型中值较大的那个类型，也就是会将 FLOAT 类型转换为 DOUBLE 类型，因此事实上是同类型之间的比较。

下面我们来看一个 Hive 基本数据类型的案例。假如一个学校要对所有学生的基本信息进行管理，如何在 Hive 中实现呢？进入 Hive CLI 客户端，创建一个名为 school 的数据库，在 school 中创建一个名为 student 的表，操作命令如下所示：

```
[ydh@master ~]$ hive                //进入Hive CLI客户端
hive>
hive> create database school;       //创建学校数据库school
hive> use school;                   //使school切换为当前工作状态
hive> create table school.student(id bigint, name string, score double, age int) row format delimited fields terminated by ',';
hive> show tables;
```

```
OK
student
Time taken: 0.036 seconds, Fetched: 1 row(s)
```

关于以上建表语句的含义做一个解释：create table school.student(id bigint, name string, score double, age int) 这一句与关系型数据建表的方式含义相同，即确认表名和表中的字段名等；row format delimited 的含义为行格式分隔，即 Hive 是通过行格式来管理每条数据的分隔的；fields terminated by 的含义为 Hive 中每行数据中各个字段之间的分隔符为逗号","。

下面，我们一起来构造一个符合表 student 结构的文本数据，操作命令如下所示：

```
[ydh@master ~]$ vim student.txt     //新建一个名为student.txt的文本文件并在打开的
                                      student.txt文件中输入以下内容，然后保存退出
23413245,zhangsan,99,23
56756564,lisi,89,24
45646466,wangwu,80,21
```

调用如下命令，将 student.txt 中的数据写入 Hive 数据仓库中数据库 school 的表 student 中，操作命令如下所示：

```
hive> load data local inpath '/home/ydh/student.txt' into table student;
```

```
Loading data to table school.student
Table school.student stats: [numFiles=1, totalSize=67]
OK
Time taken: 1.17 seconds
```

当以上命令执行成功之后,我们就可以写一条 HQL 语言来查询数据了,结果如下所示:

```
hive> select * from school.student;
```

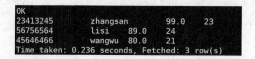

2.6.2 Hive 集合数据类型

Hive 为我们提供了集合数据类型,它们是 STRUCT 结构体类型、MAP 键值对映射类型和 ARRAY 组数,如表 2-3 所示。

表 2-3

数据类型	描述	字面语法事例
STRUCT	与 C 语言中的结构体 struct 类型相似,都可以通过"点"符号访问元素内容。例如,某表中某个列的数据类型为 STRUCT(firName STRING, lastName STRING),那么第一个元素可通过字段名.firName 来引用	STRUCT("Zhang", "SanFeng")
MAP	MAP 是一个键值对映射集合。例如,表中某个列的数据类型是 MAP,存放数据的格式是键→值,通过键就可以获取值,"Salary"→"8000"	MAP("Salary", "8000", "Late", "100")
ARRAY	ARRAY 数组是一组具有相同类型变量的集合,这些变量被称为数组的元素,每个元素都有一个下标编号,编号从 0 开始,例如数组 ["Salary", "Late"]	ARRAY("Salary", "Late")

以上集合类型的用法形式与基本数据类型一样,即都可以用来作为保留字定义表中某一个列的数据类型,但需要注意的是,大多数关系型数据库不支持集合类型,因为使用它们会趋向于破坏关系型数据库的标准格式。例如,在传统数据模型中,STRUCT 可能需要由多个不同的表拼装而成,表间需要适当的使用外键来连接。

破坏标准格式就会违背数据库三范式设计原则,带来增大数据冗余的风险,进而消耗不必要的磁盘空间,还有可能造成数据的不一致,尤其是当数据发生改变时,冗余的拷贝数据可能无法同步更新。

然而在大数据系统中，Hive 数据仓库提供集合数据类型，不遵循标准格式的一个好处是，可以提供更高吞吐量的数据，不需要去多表拼装和外键关联了。因此，当所需要处理的数据量级达到 TB 或者 PB 级别时，以"头部寻址"方式来从磁盘上扫描数据是非常必要的，按 STRUCT、MAP、ARRAY 数据集合类型进行封装，数据吞吐量大大提高，从而寻址次数减少，数据的访问查询服务速度就提高了。所以，大数据系统中不遵行标准格式，是以数据冗余、牺牲存储空间来换取数据计算处理速度为代价的。但相对于业务系统来说，我们追求的是数据的计算处理速度，而在磁盘空间上的浪费是可以接受的。因此，如果根据外键关系关联的话，则需要进行磁盘间的寻址操作，造成非常高的性能消耗，得不偿失，无法为用户提供良好的用户体验。

1. STRUCT 数据类型

通过下面的案例操作，让我们一起来实际体会 STRUCT 类型的应用。我们创建一张员工表 employee 来存储企业的员工信息，操作命令如下所示：

```
[ydh@master ~]$ hive                        //进入Hive CLI客户端
hive>
hive> create database enterprise;           //创建数据库名为enterprise
hive> show databases;                       //查看数据库列表
```

```
hive> use enterprise;                       //使enterprise当前处于工作状态
hive> create table enterprise.employee(id int, info struct<name:string,
age:int>) row format delimited fields terminated by ',' collection items terminat-
ed by ':';
hive> show tables;                          //查看enterprise库中表的列表
```

在上述代码中，create table enterprise.employee(id int, info struct<name:string, age:int>) 创建表名为 employee，定义表中的字段有 id 和 info。其中 id 的类型为 INT，info 的类型为结构体 STRUCT，即集合类型数据格式，row format delimited 定义行格式分隔。fields terminated by ',' 定义行中每个列之间的分隔。collection items terminated by ':' 定义列类型出现集合类型时，集合中元素之间的分隔符为冒号 ":"。

下面，我们来构造一个符合表 employee 结构的文本数据，操作命令如下所示：

```
[ydh@master ~]$ vim employee.txt        //新建一个名为employee.txt的文本文件并在打开的
employee.txt文件中输入以下内容，然后保存退出
23413245,zhangsan:23
56756564,lisi:24
45646466,wangwu:21
```

调用如下命令，将 employee.txt 中的数据写入 Hive 数据仓库中 enterprise 数据库中的表 employee 中，操作命令如下所示：

```
hive> load data local inpath '/home/ydh/employee.txt' into table employee;
```

```
Loading data to table enterprise.employee
Table enterprise.employee stats: [numFiles=1, totalSize=57]
OK
Time taken: 0.839 seconds
```

以上命令执行成功后，写一条 HQL 语言来查询数据了，就会看到如下所示的结果：

```
hive> select * from enterprise.employee;
```

```
OK
23413245        {"name":"zhangsan","age":23}
56756564        {"name":"lisi","age":24}
45646466        {"name":"wangwu","age":21}
Time taken: 0.33 seconds, Fetched: 3 row(s)
```

```
hive> select info.name from employee;       //获取集合中name元素的值，如下所示
```

```
OK
zhangsan
lisi
wangwu
Time taken: 0.125 seconds, Fetched: 3 row(s)
```

2. Map 数据类型

通过下面的案例操作，让我们一起来学习 Map 映射键值对类型的应用。首先创建一张员工表 employee_1 来存储企业的员工绩效信息，操作命令如下所示：

```
[ydh@master ~]$ hive                        //进入Hive CLI客户端
hive>
hive> use enterprise;                       //使enterprise处于当前工作状态
hive> create table enterprise.employee_1(id int, perf map<string, int>) row format delimited fields terminated by '\t' collection items terminated by ',' map keys terminated by ':';
hive> show tables;                          //查看enterprise库中表的列表
```

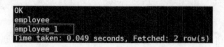

其中，create table enterprise.employee_1(id int, perf map< string, int>) 创建表名为 employee_1，定义表中的字段有 id 和 perf，其中 id 的类型为 INT，info 的类型为键值对映射 MAP，即集合类型数据格式。row format delimited 定义行格式分隔。fields terminated by '\t' 定义行中列之间的分隔为制表符 '\t'。collection items terminated by ',' 定义列类型出现集合类型时，集合中元素之间的分隔符为逗号","。map keys terminated by ':' 定义 MAP 集合类型中 key-value 之间的分隔符为冒号":"。

下面来构造一个符合 employee_1 表结构的文本数据，操作命令如下所示：

```
[ydh@master ~]$ vim employee_1.txt    //新建一个名为employee_1.txt的文本文件并在打
开的employee_1.txt文件中输入以下内容，然后保存退出
23413245    job:80,team:60,person:50
56756564    job:60,team:70
45646466    job:90,team:80,person:100
```

调用如下命令，将 employee_1.txt 中的数据写入 Hive 数据仓库中 enterprise 数据库的表 employee 中，操作命令如下所示：

```
hive> load data local inpath '/home/ydh/employee_1.txt' into table employee_1;
```

```
Loading data to table enterprise.employee_1
Table enterprise.employee_1 stats: [numFiles=1, totalSize=93]
OK
Time taken: 0.938 seconds
```

当命令执行成功后，写一条 HQL 语言来查询数据，就会看到如下所示的结果：

```
hive> select * from enterprise.employee_1;
```

```
OK
23413245    {"job":80,"team":60,"person":50}
56756564    {"job":60,"team":70}
45646466    {"job":90,"team":80,"person":100}
Time taken: 0.094 seconds, Fetched: 3 row(s)
```

```
hive> select perf['team'] from enterprise.employee_1;   //获取集合中perf元素的key
为team所对应的value的值，如下所示
```

```
hive> select perf['team'] from enterprise.employee_1;
OK
60
70
80
Time taken: 0.114 seconds, Fetched: 3 row(s)
```

3. ARRAY 数据类型

通过下面的案例操作，让我们一起来学习 ARRAY 类型的应用。首先创建一张员工表 employee_2 来存储企业员工的下属关系信息，操作命令如下所示：

```
[ydh@master ~]$ hive                                  //进入Hive CLI客户端
hive>
hive> use enterprise;                                 //使enterprise处于当前工作状态
hive> create table enterprise.employee_2(name string, emp_id_list array<int>)
row format delimited fields terminated by ',' collection items terminated by ':';
hive> show tables;                                    //查看enterprise库中表的列表
```

```
OK
employee
employee_1
employee_2
Time taken: 0.032 seconds, Fetched: 3 row(s)
```

其中，create table enterprise.employee_2(name string, emp_id_list array<int>) 创建表名为 employee_2，定义表中的字段有 name 和 emp_id_list，其中 name 的类型为 STRING，emp_id_list 的类型为数组 ARRAY 集合类型。row format delimited 定义行格式分隔。fields terminated by ','定义行中每个列之间的分隔。collection items terminated by ':'，定义 ARRAY 数组集合中元素之间的分隔符为冒号 ":"。

下面，我们来构造一个符合 employee_2 表结构的文本数据，操作命令如下所示：

```
[ydh@master ~]$ vim employee_2.txt    //新建一个名为employee_2.txt的文件并在打开的
employee_2.txt文件中输入以下内容，然后保存退出
zhangsan,23413245:342343:3434323
lisi,89898777:67869544:2342345
wangwu,9876544:4532098:44532321
```

将文件 employee_2.txt 中的数据写入 Hive 数据仓库中 enterprise 数据库的 employee_2 表中，操作命令如下所示：

```
hive> load data local inpath '/home/ydh/employee_2.txt' into table employee_2;
```

```
Loading data to table enterprise.employee_2
Table enterprise.employee_2 stats: [numFiles=1, totalSize=96]
OK
Time taken: 0.299 seconds
```

当命令执行成功后，写一条 HQL 语言来查询数据，就会看到如下所示的结果：

```
hive> select * from enterprise.employee;
```

```
OK
zhangsan    [23413245,342343,3434323]
lisi        [89898777,67869544,2342345]
wangwu      [9876544,4532098,44532321]
Time taken: 0.085 seconds, Fetched: 3 row(s)
```

```
hive> select emp_id_list[0] from employee_2;    //查询数组类型列中的第一个元素
```

4. 综合应用

通过下面的案例操作，让我们一起来感受 STRUCT、MAP、ARRAY 类型的综合实战应用。首先创建一张员工表 employee_3 来存储企业员工各类信息，操作命令如下所示：

```
[ydh@master ~]$ hive                            //进入Hive CLI客户端
hive>
hive> use enterprise;                           //使enterprise处于当前工作状态
hive> create table enterprise.employee_3(name string, salary double, subordinates array<string>, deductions map<string,float>, address struct<street:string, city:string, state:string, zip:int>) row format delimited fields terminated by '\t' collection items terminated by ',' map keys terminated by ':';
hive> show tables;                              //查看enterprise库中表的列表
```

其中，create table enterprise.employee_3(name string, salary double, subordinates array<string>, deductions map<string,float>, address struct<street:string, city:string, state:string, zip:int>) 创建表名为 employee_3，定义表中的字段有 name、salary、subordinates、deductions、address。其中 name 的类型为 STRING，salary 的类型为 DOUBLE，subordinates 的类型为 ARRAY 数组类型，deductions 的类型为 MAP，address 的类型为 STRUCT 结构体。row format delimited 定义行格式分隔。fields terminated by '\t' 定义行中每个列之间的分隔。collection items terminated by ',' 定义集合中元素之间的分隔。map keys terminated by ':' 定义 MAP 类型中 key-value 之间的分隔。

下面，我们来构造一个符合 employee_3 表结构的文本数据，操作命令如下所示：

```
[ydh@master ~]$ vim employee_3.txt    //新建一个名为employee_3.txt的文本文件并在打开的employee_3.txt文件中输入以下内容，然后保存退出
```

```
zs   8000      li1,li2,li3  cd:30,zt:50,sw:100   nanjingdajie,Nanjing,ziyou,10067
Lisi 9000      w1,w2,w3     cd:10,zt:40,sw:33    anhualu,Beijing,ziiyou2,100223
```

调用如下命令，将 employee_3.txt 中的数据写入 Hive 数据仓库中 enterprise 数据库的 employee_3 表中，操作命令如下所示：

```
hive> load data local inpath '/home/ydh/employee_3.txt' into table employee_3;
```

```
Loading data to table enterprise.employee_3
Table enterprise.employee_3 stats: [numFiles=1, totalSize=140]
OK
Time taken: 1.019 seconds
```

当命令执行成功后，写一条 HQL 语言来查询数据，就会看到如下所示的结果：

```
hive> select * from enterprise.employee_3;
```

```
OK
zs      8000.0  ["li1","li2","li3"]     {"cd":30.0,"zt":50.0,"sw":100.0}        {"street":"nanjingdajie","city":"Nanjing","state":"ziyou","zip":10067}
Lisi    9000.0  ["w1","w2","w3"]        {"cd":10.0,"zt":40.0,"sw":33.0} {"street":"anhualu","city":"Beijing","state":"ziiyou2","zip":100223}
Time taken: 0.091 seconds, Fetched: 2 row(s)
```

```
hive> select subordinates[0], deductions['cd'], address.city from enterprise.employee_3;
```

```
OK
li1     30.0    Nanjing
w1      10.0    Beijing
Time taken: 0.1 seconds, Fetched: 2 row(s)
```

2.7 本章总结

通过本章的学习，我们了解了 Hive 的设计特性及其与传统数据库的异同。本章详细介绍了 CentOS7 系统下 MySQL 数据库 RPM 的安装方式、Hive 安装部署并配置元数据存储 MySQL 数据库的方法，以及 Hive 基本数据类型与集合数据类型的应用实战开发。

2.8 本章习题

1. Hive 的设计特性有哪些？

2. 安装 Hive 数据仓库时，为什么要配置 MySQL 数据库？

3. Hive 的基本数据类型和集合数据类型有哪些？通过建表写入数据进行实战。

第 03 章

Hive 数据定义与操作

本章要点
- HiveQL 数据定义语言
- HiveQL 数据操作语言

本章将详细介绍 Hive 数据仓库的两大应用模块。第一，HiveQL 数据定义语言，包括创建建数据库、删库数据库、创建表、删除表以及修改表等。第二，HiveQL 数据操作语言，包括向表中写入数据、删除数据、导入导出数据等 DML 数据操作语言的实战应用。

3.1 HiveQL 数据定义语言

Hive 数据仓库中的 HiveQL 数据定义语言，类似于关系型数据库 DDL（Data Definition Language，数据定义语言），用来在 Hive 数据仓库中创建数据库、创建表等 Schema 数据模式设计。

在大型海量数据分析系统中，Hive 数据仓库包含了几十、几百甚至上千个数据库，每个库中都包含了几十、几百甚至上千张表等，但当我们刚刚安装好 Hive 数据仓库时，如果没有显式指定数据库，那么将会使用默认数据库 defalut。在实际开发中创建数据库、创建表是一项频繁的操作，下面就让我们一起来看如何创建数据库和表。

3.1.1 创建数据库

Hive 数据仓库中的数据库,本质上仅仅是表的一个目录或者命名空间。如何理解?通过对 Hive 基本概念的学习,我们知道 Hive 是一个数据仓库工具,它的存储依赖 HDFS,计算依赖 MapReduce,所以在 Hive 中创建一个数据库的时候,实际上就是在 HDFS 分布式文件系统中创建了一个目录,这个目录将会成为该数据库中所有即将创建的表的目录或者表的 NameSpace 命名空间。

创建数据库的语法如下:

```
hive> create database sogou;
```

如果数据库 sogou 已经存在的话,会抛出一个异常。

```
FAILED: Execution Error, return code 1 from org.apache.hadoop.hive.ql.exec.DDLTask. Database sogou already exists
```

所以该条命令可修改为:

```
hive> create database if not exists sogou;
```

if not exists 子句对于那些在继续执行之前需要根据需要实时创建数据库的情况来说是非常有用的。

随时可以通过如下命令方式查看 Hive 中所包含的数据库。

```
hive> show databases;
```

数据库非常多的时候,可以使用正则表达式来筛选出所需要的数据库名,操作命令如下:

```
hive> show databases like 's.*';                //查询数据库名以's'开头的数据库列表
```

在实际开发中可以为每个数据库增加描述,以此来说明该数据库的业务含义,操作命令如下所示:

```
hive> create database bank comment 'Internet Banking';  //创建数据库 bank,其作
为电子网银系统后台数据库
    hive> describe database bank;                        //查看数据库 bank 的详细信
息,如下所示
```

其中,Internet Banking 就是数据库的业务描述信息。hdfs://master:9000/user/hive/warehouse/bank.db 是 Hive 为数据库 bank 在分布式文件系统 HDFS 上创建的一个目录,即 /user/hive/warehouse/bank.db,数据库 bank 中所有的表都将以这个目录的子目录形式存储,因此,每当在 Hive 中创建数据库的时候,Hive 会为每个数据库创建一个目录。

```
    create database tmall comment 'Electronic Commerce';  //创建数据库 tmall,其作为电
子商务系统后台数据库
    hive> describe database tmall;
```

```
OK
tmall    Electronic Commerce    hdfs://master:9000/user/hive/warehouse/tmall.db  ydh    USER
Time taken: 0.029 seconds, Fetched: 1 row(s)
```

其中,Electronic Commerce 就是数据库 tmall 的业务描述信息。hdfs://master:9000/user/hive/warehouse/tmall.db 是 Hive 为数据库 tmall 在 HDFS 分布式文件系统上创建的目录,即 /user/hive/warehouse/tmall.db。

当我们仔细查看 HDFS 文件系统上 bank 和 tamll 的数据库目录名时,发现它们都是以 ".db" 结尾的,这是 Hive 数据仓库的设计,用来标识该目录是数据库目录。同时,我们发现 bank.db 和 tmall.db 目录都是父目录 /user/hive/warehouse 的子目录,该父目录层级可以在 Hive 的配置文件 hive-default.xml 中进行 hive.metastore.warehouse.dir 属性值的自定义设置,如下所示:

```xml
<property>
    <name>hive.metastore.warehouse.dir</name>
    <value>/user/hive/warehouse</value>
    <description>location of default database for the warehouse</description>
</property>
```

所以在默认情况下，在 Hive 中创建的数据库，其目录默认都在 /user/hive/warehouse 目录下。

3.1.2　删除数据库

当一个数据库被废弃的时候，我们就需要删除它，删除数据库的操作命令如下所示：

hive> drop database sogou;　　　　　　　　//删除 sogou 数据库

hive> drop database if exists sogou;　　　//加上 if exists 子句的意思是，当该数据库存在的话再删除，如果不存在的话就不执行删除操作，从而避免抛出异常

Hive 数据仓库默认不允许删除一个包含有表的数据库，例如数据库中 enterprise 包含了好多张表，如果我们对其直接进行删除，会抛出如下所示的执行错误：

```
FAILED: Execution Error, return code 1 from org.apache.hadoop.hive.ql.exec.DDLTask. InvalidOperationException(message:Database enterprise is not empty. One or more tables exist.)
```

删除执行错误，提示数据库 enterprise 里面有一张或者多张表存在。所以，我们必须把 enterprise 数据库中所有的表删除，才能删除数据库 enterprise。当然，我们也可以在删除命令后面加上关键字 cascade，这样使 Hive 自行先删除数据库中的表，然后就可以删除数据库了。操作命令如下所示：

hive> drop database if exists enterprise cascade;

3.1.3　创建表

Hive 数据仓库提供了操作类似关系型数据库的表结构存储，所以我们可以创建数据库，然后基于数据库来创建表应用，最后通过表来管理业务数据。

在上一章中关于 Hive 数据类型模块的介绍中，我们创建了数据库 enterprise 并在其中创建了表 employee、表 employee_1 和表 employee_2，下面我们继续在 enterprise 库中创建一张表 account，操作命令如下所示：

hive> create table if not exists enterprise.account(acc_name string, acc_balance double) row format delimited fields terminated by '\t' location '/user/hive/warehouse/enterprise.db/account,;

其中，create table if not exists enterprise.account(acc_name string, acc_balance double) 用来定义表 account 以及表中的字段 acc_name 和 acc_balance。row format delimited 定义行格式话分隔。fields terminated by '\t' 定义每行中列之间的分隔符为 '\t'。对比以往，今天我们又获得了一个新属性，那就是 location '/user/hive/warehouse/enterprise.db/account'。其中，'/user/hive/warehouse' 是默认的数据仓库路径地址，enterprise.db 是数据库目录，account 是表目录，它们都是用来定义表 account 中具体数据存放的地址。进一步看到 /user/hive/warehouse/enterprise.db 这个目录，就是 Hive 在创建数据库时开辟在 HDFS 文件系统上的关于该数据库的目录。注意，数据库目录总是以 ".db" 结尾的，其中 enterprise.db 目录下的子目录 account 就是表，所以我们说 Hive 中的表也是一个表目录，即在 HDFS 分布式文件系统上所创建的目录。默认情况下，Hive 总是将创建的表目录放置在这个表所属的数据库目录下。

我们可以列举指定数据库下的表，操作命令如下：

```
hive> show tables in enterprise;
```

在 Hive 中按照表数据的生命周期可以将表分为内部表和外部表两大类，下面我们首先来看内部表。

1. 管理表

也称内部表或临时表，Hive 控制着管理表的整个生命周期，默认情况下 Hive 管理表的数据存放在 Hive 主目录 /user/hive/warehouse/，并且当我们删除一张表时，这张表的数据也会相应地被删除，所以对于管理表 Hive，或多或少控制着表中数据的生命周期。我们之前在数据库 enterprise 中所创建的表 employee、表 employee_1、表 employee_2 和表 account 等都属于管理表。另外，管理表能够有效地管理表的数据，但是不利于数据的分享。在实际开发中，管理表不方便和其他工作共享数据，比如，对于同一份数据，我们希望能够指向表 A 又能指向表 B，也就是说表 A 和表 B 能同时共享这同一份数据，但如果删除表 A，则表中的数据就会删除，再去查看表 B 时，已是空表了。所以，Hive 在设计之初就不允许共享管理表中的数据。那么，在实际开发中，如果表 A 和表 B 共享同一份数据的需求，如何来实现呢？Hive 为我们提供了外部表方案来解决这一问题。

下面我们来做一个测试，首先向表 account 中写入数据，操作命令如下：

```
[ydh@master ~]$ vim account.txt        //构造数据
zhangsan    12000
lisi        18000
wangwu      20000
hive> load data local inpath '/home/ydh/account.txt' into table account;
```

```
Loading data to table enterprise.account
Table enterprise.account stats: [numFiles=1, totalSize=39]
OK
Time taken: 1.468 seconds
```

```
hive> select * from account;           //查询表中的数据
```

```
OK
zhangsan        12000.0
lisi            18000.0
wangwu          20000.0
Time taken: 0.389 seconds, Fetched: 3 row(s)
```

接着，我们去 HDFS 的表目录地址 /user/hive/warehouse/enterprise.db/account 查看表 account 中的数据信息，操作命令如下：

```
[ydh@master ~]$ hadoop fs -ls /user/hive/warehouse/enterprise.db/
```

```
Found 4 items
drwxr-xr-x   - ydh supergroup          0 2019-02-25 18:21 /user/hive/warehouse/enterprise.db/account
drwxr-xr-x   - ydh supergroup          0 2019-02-25 17:40 /user/hive/warehouse/enterprise.db/employee
drwxr-xr-x   - ydh supergroup          0 2019-02-25 17:41 /user/hive/warehouse/enterprise.db/employee_1
drwxr-xr-x   - ydh supergroup          0 2019-02-25 17:41 /user/hive/warehouse/enterprise.db/employee_2
```

```
[ydh@master ~]$ hadoop fs -cat /user/hive/warehouse/enterprise.db/account/account.txt
```

```
zhangsan        12000
lisi            18000
wangwu          20000
```

下面，让我们来将表 account 删除，再去查看 HDFS 上是否还存在 account.txt 数据，操作命令如下所示：

```
hive> drop table account;              //删除enterprise库中的表account
hive> show tables in enterprise;       //查看enterprise库中的表
```

```
OK
employee
employee_1
employee_2
Time taken: 0.056 seconds, Fetched: 3 row(s)
```

我们发现，数据库 enterprise 中已经没有表 account 了。那么，location 属性所指的 /user/hive/warehouse/enterprise.db/account 目录及其中的 account.txt 文件还存在吗？通过以下命令查询之后，如下所示 account 目录及 account.txt 文件都已经没有了。

```
[ydh@master ~]$ hadoop fs -ls /user/hive/warehouse/enterprise.db/
```

```
Found 3 items
drwxr-xr-x   - ydh supergroup          0 2019-02-25 17:40 /user/hive/warehouse/enterprise.db/employee
drwxr-xr-x   - ydh supergroup          0 2019-02-25 17:41 /user/hive/warehouse/enterprise.db/employee_1
drwxr-xr-x   - ydh supergroup          0 2019-02-25 17:41 /user/hive/warehouse/enterprise.db/employee_2
```

所以我们发现，通过 Hive 完全控制了内部表中数据的生命周期。外部表是什么情况呢？我们还能通过 Hive 操作控制外部表中的数据生命周期吗？

2. 外部表

在创建表时，如果加上关键字 external，则创建为外部表。外部表中的数据生命周期不受 Hive 的控制，且可以和其他外部表进行数据的共享。Hive 创建外部表的语法如下所示，我们创建一张产品表。

```
hive> create external table product(pro_name string, pro_price double) row format delimited fields terminated by '\t' location '/data/stocks';   //注意加上external 关键字定义创建的表为外部表,location '/data/stocks'定义外部表product存放数据的HDFS路径地址。
hive> show tables;
```

接着向表 product 写入数据，然后测试表 product 中数据的生命周期。

```
[ydh@master ~]$ vim product.txt       //在Linux本地构造数据
Apple    7.8
Pear     5.2
Orange   5.5
Banana   3.5
hive> load data local inpath '/home/ydh/product.txt' into table product;
```

```
Loading data to table enterprise.product
Table enterprise.product stats: [numFiles=0, totalSize=0]
OK
Time taken: 0.74 seconds
```

```
hive> select * from product;
```

```
hive> select * from product;
OK
Apple    7.8
Pear     5.2
Orange   5.5
Banana   3.5
Time taken: 0.102 seconds, Fetched: 4 row(s)
```

通过 HiveQL 我们查看到了表中的数据信息，那么就可以通过 location 属性所指向的 HDFS 文件系统中存放数据文件的地址，来查看表中数据的文件列表及文件内容，操作命令如下所示：

```
[ydh@master ~]$ hadoop fs -ls /data/stocks/
```

```
Found 1 items
-rwxr-xr-x   2 ydh supergroup         41 2019-02-25 19:28 /data/stocks/product.txt
```

```
[ydh@master ~]$ hadoop fs -cat /data/stocks/product.txt
```

```
Apple    7.8
Pear     5.2
Orange   5.5
Banana   3.5
```

接下来，再创建一张表 product_1 让其 location 属性指向表 product 的 location 所指向的地址，从而测试 product_1 和 product 两个外部表之间数据的共享，操作命令如下所示：

```
hive> create external table product_1(pro_name string, pro_price double) row format delimited fields terminated by '\t' location '/data/stocks';
hive> show tables;
```

```
OK
account
employee
employee_1
employee_2
product
product_1
Time taken: 0.03 seconds, Fetched: 6 row(s)
```

```
hive> select * from product_1;
```

```
OK
Apple    7.8
Pear     5.2
Orange   5.5
Banana   3.5
Time taken: 0.083 seconds, Fetched: 4 row(s)
```

如上所示，表 product_1 和表 product 中的数据一模一样，实现了数据的共享，那么此时若将 product 表删除，还能在表 product_1 中查询到数据吗？测试操作命令如下：

```
hive> drop table product;        //删除表product
hive> show tables in enterprise;
```

```
OK
account
employee
employee_1
employee_2
product_1
Time taken: 0.032 seconds, Fetched: 5 row(s)
```

如上所示，数据库 enterprise 中已经没有表 product 了，那么表中的数据还在吗？我们一起来查看表 product 在 HDFS 上存放数据的表目录 location '/data/stocks'，操作命令如下所示：

```
[ydh@master ~]$ hadoop fs -ls /data/stocks
```

```
Found 1 items
-rwxr-xr-x   2 ydh supergroup         41 2019-02-25 19:28 /data/stocks/product.txt
```

```
[ydh@master ~]$ hadoop fs -cat /data/stocks/product.txt
```

```
Apple  7.8
Pear   5.2
Orange 5.5
Banana 3.5
```

如上所示，表 product 已经被删除了，但该表曾经在 HDFS 上开辟的 /data/stocks/product.txt 文件并没有被删除。所以，经测试验证，对于外部表 product，其中数据的生命周期不受 Hive 的控制。

在实际生产业务系统开发中，外部表 external 是我们主要应用的表类型。

3.1.4 修改表

在实际开发中创建好一张表后，有可能过一段时间需要给该表添加字段或者为某个字段添加注释等。此时大多数的表属性可以通过 alter table 语句来修改，操作命令如下：

```
hive> alter table tableName rename to otherTableName       //修改表名
hive> create table student(name string, age int) row format delimited fields terminated by '\t';                //创建student表
```

将表 student 的表名修改为 stu，操作命令如下：

```
hive> alter table student rename to stu;
```

为表 stu 增加 sex、birthday 字段，操作命令如下：

```
hive> alter table stu add columns(sex string, birthday string);
hive> desc stu;   //表stu中新增了sex和birthday两个字段
```

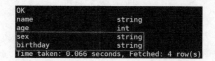

3.1.5 删除表

Hive 支持和 SQL 中 drop table 命令类似的操作，其语法结构是：drop table tableName，正如以上小节中删除表 proudct 的命令：drop table if exists product 对于管理表，表的元数据信息和表内的数据都会被删除；对于外部表，表的元数据信息会被删除，但是表中的数据不会被删除。

下面我们来做一个测试，首先在数据库 enterprise 中创建一张名为 customer 的表，然后查看存储 Hive 元数据信息的关系型数据库 MySQL 中的库 hive_meta，其中包含存储了 Hive 表元信息的 TBLS 表，操作命令如下所示：

```
hive> create external table customer(name string, age int) row format delimited fields terminated by '\t' location '/data/customer';   //创建外部表customer
[ydh@master ~]$ mysql -uhadoop -phadoop                //登录MySQL数据库
mysql> use hive_meta;                                  //使hive_meta为当前工作状态数据库
mysql> select TBL_ID,DB_ID,OWNER,TBL_NAME, TBL_TYPE from TBLS;   //查询表元数据信息，如下所示
```

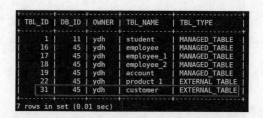

如上所示，我们看到了刚刚在 Hive 数据仓库中所创建的表 customer 的元信息。

下面执行表删除命令，将表 customer 从 Hive 中删除，操作如下所示：

```
hive> drop table customer;    //删除Hive中的表customer
```

当我们再次查看 MySQL 中 customer 表的元信息时，已经看不到了，如下所示：

所以，Hive 中的删除表其实是删除表的元信息，对于外部表只会删除表元信息，表目录数据信息是不会被删除的。但对于管理表而言，不仅删除了表元信息，而且连表目录数据信息也会被一同删除。

3.1.6 分区表

随着数据库中数据量不断激增，就不得不考虑数据库存储和计算性能问题。人们解决数据库性能的方式通常有以下几种。

第一，创建分表，即把一张大表的数据根据业务需求分配到多张小表中，以此提高表的并发量，但缺点是 SQL 代码维护成本增高，只要一张表发生变化，其他的表都必须更新 SQL 代码。

第二，创建分区表，即所有的数据还是在一张表中，但底层物理存储数据根据一定的规则划分到不同的文件中，这些文件还可以存储在不同的磁盘上。使用表分区技术水平分散压力，将数据从物理上移动到离使用最频繁的用户更近的地方。如此，对外部应用而言还是一张表，代码维护量小，基本不用改动，提高了 I/O 吞吐量，但缺点是表的并发量没有提高。

在实际开发中，经常碰到的业务场景就是对表中数据的查询，所以提高表的访问吞吐量（即速度）是很有必要的，那么就会选择以上所介绍的分区表方案来解决。今天，我们要介绍的不是关系型数据库中的分区表而是 Hive 中的分区表，其两者业务含义有一定的相似性。

简单来说，Hive 分区的概念与传统关系型数据库表分区不同。传统数据库的表分区方式，就 MySQL 而言，是指将一张表分解成多个更小的、容易管理的部分。从逻辑上看只有一张表，但底层却是由多个物理分区组成的，每个物理分区中存储真实的数据，在数据插入的时候自动分配分区，这些物理分区可以分布在不同的物理服务器设备上。由于 Hive 表中的数据实际存储在 HDFS 上，所以 Hive 的分区方式是在 HDFS 文件系统上的一个分区名对应一个目录名，子分区名就是子目录名，并不是一个实际字段。因此可以这样理解，在插入数据的时候指定分区，其实就是新建一个目录或者子目录，并在相应的目录上添加数据文件，实现 Hive 表分区的功能。

所以，概括来说，Hive 的分区是创建层级目录的一种方式。

Hive 分区是在创建表的时候用 partitioned by 关键字定义的，但需要注意，partitioned by 子句中定义的列是表中正规的列，但是 Hive 下的数据文件中并不包含这些列，因为它们是目录名。下面通过一个案例来阐述 Hive 中的静态分区与动态分区的设计原理。

1. 静态分区

创建一张静态分区表 customer_partition 并且只有一个分区，即分区列 sex，操作命令如下：

```
hive> create table customer_partition(name string, age int) partitioned by(-sex string) row format delimited fields terminated by '\t';
hive> desc customer_partition;    //通过desc命令查看表结构如下，其中 sex 是分区字段，是分区表customer_partition的正式字段，但Hive下的数据文件中并不包含这一列，因为它是分区目录名。
```

```
OK
name                    string
age                     int
sex                     string

# Partition Information
# col_name              data_type               comment

sex                     string
Time taken: 0.324 seconds, Fetched: 8 row(s)
```

准备本地数据文件 customer.txt，内容包含"姓名/年龄"，将以"sex"性别作为分区。

```
[ydh@master ~]$ vim customer.txt
zhangsan    23
lisi        33
wangwu      24
lucy        12
tom         21
```

使用 load 方式把数据写入表 customer_partition 中，即写入 HDFS 的 hive 目录。

```
hive> load data local inpath '/home/ydh/customer.txt' into table customer_
partition partition(sex='man');
```

```
Loading data to table enterprise.customer_partition partition (sex=man)
Partition enterprise.customer_partition{sex=man} stats: [numFiles=1, numRows=0, totalSize=45, rawDataSiz
e=0]
OK
Time taken: 2.018 seconds
```

```
hive> select * from customer_partition;  //表中的数据变成了3列
```

```
OK
zhangsan      23       man
lisi          33       man
wangwu        24       man
lucy          12       man
tom           21       man
Time taken: 0.325 seconds, Fetched: 5 row(s)
```

查看 customer_partition 表在 HDFS 上的目录结构，如下所示：

```
[ydh@master ~]$ hadoop fs -lsr /user/hive/warehouse/enterprise.db/customer_
partition
```

```
drwxr-xr-x   - ydh supergroup          0 2019-02-27 00:40 /user/hive/warehouse/enterprise.db/customer_pa
rtition/sex=man
-rwxr-xr-x   2 ydh supergroup         45 2019-02-27 00:40 /user/hive/warehouse/enterprise.db/customer_pa
rtition/sex=man/customer.txt
```

可以看到，在新建分区表的时候，系统会在 Hive 数据仓库默认路径 /user/hive/warehouse/enterprise 下创建一个目录 customer_partition（表名），再创建目录的子目录 sex=man（分区名），最后在分区名下存放实际的数据文件 customer.txt。

如果再插入另一个数据文件 customer2.txt：

```
[ydh@master ~]$ vim customer2.txt
xiaoming       22
xiaogang       45
xiaohuang      24
xiaoying       23
xiaowang       21
xiaoxiao       12
hive> load data local inpath '/home/ydh/customer2.txt' into table customer_
partition partition(sex='woman');
```

```
Loading data to table enterprise.customer_partition partition (sex=woman)
Partition enterprise.customer_partition{sex=woman} stats: [numFiles=1, numRows=0, totalSize=73, rawDataS
ize=0]
OK
Time taken: 0.655 seconds
```

再次查看表 customer 目录结果，如下所示：

```
[ydh@master ~]$ hadoop fs -lsr /user/hive/warehouse/enterprise.db/customer_partition
```

```
drwxr-xr-x   - ydh supergroup          0 2019-02-27 00:40 /user/hive/warehouse/enterprise.db/customer_partition/sex=man
-rwxr-xr-x   2 ydh supergroup         45 2019-02-27 00:40 /user/hive/warehouse/enterprise.db/customer_partition/sex=man/customer.txt
drwxr-xr-x   - ydh supergroup          0 2019-02-27 00:57 /user/hive/warehouse/enterprise.db/customer_partition/sex=woman
-rwxr-xr-x   2 ydh supergroup         73 2019-02-27 00:57 /user/hive/warehouse/enterprise.db/customer_partition/sex=woman/customer2.txt
```

可以看到，除了分区目录 /sex=man，又新增了一个新分区目录 /sex=woman。

最后查看两次写入数据的结果，包含了 man 和 woman，如下所示：

```
hive> select * from customer_partition;
```

```
OK
zhangsan    23      man
lisi        33      man
wangwu      24      man
lucy        12      man
tom         21      man
xiaoming    22      woman
xiaogang    45      woman
xiaohuang   24      woman
xiaoying    23      woman
xiaowang    21      woman
xiaoxiao    12      woman
Time taken: 0.176 seconds, Fetched: 11 row(s)
```

```
hive> select * from customer_partition where sex='woman';  //分区列 sex 是表
```
实际定义的列，所以可以按照分区列 sex 来过滤相应分区中的数据，如下所示

```
OK
xiaoming    22      woman
xiaogang    45      woman
xiaohuang   24      woman
xiaoying    23      woman
xiaowang    21      woman
xiaoxiao    12      woman
Time taken: 0.099 seconds, Fetched: 6 row(s)
```

接下来，再创建一个分区表 customer_partition_multi，让其拥有多个分区，按性别和籍贯来创建分区，操作命令如下：

```
hive> create table customer_partition_multi(name string, age int) partitioned by(sex string, native string) row format delimited fields terminated by '\t';
```

向分区表 customer_partition_mult 中载入数据，操作命令如下：

```
hive> load data local inpath '/home/ydh/customer.txt' into table customer_
partition_multi partition(sex='man', native='GanSu');
```

```
Loading data to table enterprise.customer_partition_multi partition (sex=man, native=GanSu)
Partition enterprise.customer_partition_multi{sex=man, native=GanSu} stats: [numFiles=1, numRows=0, tota
lSize=45, rawDataSize=0]
OK
Time taken: 0.471 seconds
```

```
[ydh@master ~]$ hadoop fs -lsr /user/hive/warehouse/enterprise.db/customer_par-
tition_multi
```

```
drwxr-xr-x   - ydh supergroup          0 2019-02-27 17:45 /user/hive/warehouse/enterprise.db/customer_pa
rtition_multi/sex=man
drwxr-xr-x   - ydh supergroup          0 2019-02-27 17:45 /user/hive/warehouse/enterprise.db/customer_pa
rtition_multi/sex=man/native=GanSu
-rwxr-xr-x   2 ydh supergroup         45 2019-02-27 17:45 /user/hive/warehouse/enterprise.db/customer_pa
rtition_multi/sex=man/native=GanSu/customer.txt
```

由此可见，新建表的时候定义的分区字段的顺序，决定了开辟在 HDFS 系统上文件目录的顺序（谁是父目录，谁是子目录）。在这里，我们看到 sex=man 是父目录，native=GanSu 是子目录，正因为有了这个层级关系，当我们查询所有 man 的时候，man 以下的所有籍贯下的数据都会被查出来。如果只查询籍贯分区，但父目录 sex=man 和 sex=woman 都有该籍贯的数据，那么 Hive 会对输入路径进行修剪，从而只扫描籍贯分区，性别分区不作过滤，即查询结果包含了所有性别。

```
hive> load data local inpath '/home/ydh/customer2.txt' into table customer_
partition_multi partition(sex='woman', native='GanSu');
hive> select * from customer_partition_multi where native='GanSu';
```

如上命令所示，若我们只按 native 分区查询的话，就会看到 Hive 会修剪掉 sex 分区，而只按 native 籍贯分区扫描数据，所以我们会看到如下所示的 native 籍贯分区中既包含 man 也包含 woman。

```
OK
zhangsan     23       man      GanSu
lisi    33           man      GanSu
wangwu  24           man      GanSu
lucy    12           man      GanSu
tom     21           man      GanSu
xiaoming     22           woman    GanSu
xiaogang     45           woman    GanSu
xiaohuang    24           woman    GanSu
xiaoying     23           woman    GanSu
xiaowang     21           woman    GanSu
xiaoxiao     12           woman    GanSu
Time taken: 0.093 seconds, Fetched: 11 row(s)
```

2．动态分区

如果在实际开发中经常使用静态分区的话，在插入数据的时候，就必须首先知道有哪些分区类型，针对每一个分区要单独使用 load data 命令载入数据。那么我们能不能根据查询到的数据动态分配到分区里呢？使用 Hive 的动态分区就可以解决这一问题。动态分区与静态分区的区别就是不用指定分区目录，由系统自己选择。

开启动态分区的功能，操作命令如下：

hive> set hive.exec.dynamic.partition=true;
hive> set hive.exec.dynamic.partition.mode=nonstrict;   //此属性的默认值是 strict，意思是不允许分区列全部是动态的。将其值设置为 nonstrict，意思是所有的分区列都是动态的
hive> set hive.exec.max.dynamic.partitions.pernode=1000;//最大动态分区的个数

我们来创建一张外部表 customer_1，其中包含 name、age、sex 和 native 字段，操作命令如下所示：

hive> create external table customer_1(name string, age int, sex string, native string) row format delimited fields terminated by '\t' location '/data/customer_1';

```
[ydh@master ~]$ vim customer_1.txt
Xiaoming    22    man      GanSu
Xiaogang    45    man      GanSu
Xiaohuang   24    woman    GanSu
Xiaoying    23    woman    GanSu
Xiaowang    21    man      GanSu
Xiaoxiao    12    woman    GanSu
Zhangsan    23    man      GanSu
Lisusong    34    woman    GanSu
Wangyang    55    man      GanSu
```

向表 customer_1 中载入数据，命令如下：

hive> load data local inpath '/home/ydh/customer_1.txt' into table customer_1;
hive> select * from customer_1;   //查看 customer_1 表中的数据

```
OK
xiaoming    22    man      GanSu
xiaogang    45    man      GanSu
xiaohuang   24    woman    GanSu
xiaoying    23    woman    GanSu
xiaowang    21    man      GanSu
xiaoxiao    12    woman    GanSu
zhangsan    23    man      GanSu
lisusong    34    woman    GanSu
wangyang    55    man      GanSu
Time taken: 0.062 seconds, Fetched: 9 row(s)
```

接下来，将 customer_1 表中的数据插入分区表 customer_partition_1 中，并

实现按照 sex、native 动态分区，即不指定分区列性别和籍贯，而由系统自动分配。

首先，创建动态分区表 customer_partition_1，操作命令如下：

hive> create table customer_partition_1(name string, age int) partitioned by (sex string, native string) row format delimited fields terminated by '\t';

接着，使用 insert overwrite 命令将表 customer_1 中的数据写入动态分区表。

hive>insert overwrite table customer_partition_1 partition(sex, native) select name, age, sex, native from customer_1;

最后，查看分区表 customer_partition_1 的目录结构，操作命令如下：

[ydh@master ~]$ hadoop fs -lsr /user/hive/warehouse/enterprise.db/customer_partition_1

```
drwxr-xr-x   - ydh supergroup          0 2019-02-27 19:03 /user/hive/warehouse/enterprise.db/customer_pa
rtition_1/sex=man
drwxr-xr-x   - ydh supergroup          0 2019-02-27 19:03 /user/hive/warehouse/enterprise.db/customer_pa
rtition_1/sex=man/native=GanSu
-rwxr-xr-x   2 ydh supergroup         60 2019-02-27 19:03 /user/hive/warehouse/enterprise.db/customer_pa
rtition_1/sex=man/native=GanSu/000000_0
drwxr-xr-x   - ydh supergroup          0 2019-02-27 19:03 /user/hive/warehouse/enterprise.db/customer_pa
rtition_1/sex=woman
drwxr-xr-x   - ydh supergroup          0 2019-02-27 19:03 /user/hive/warehouse/enterprise.db/customer_pa
rtition_1/sex=woman/native=GanSu
-rwxr-xr-x   2 ydh supergroup         49 2019-02-27 19:03 /user/hive/warehouse/enterprise.db/customer_pa
rtition_1/sex=woman/native=GanSu/000000_0
```

查看分区数，如下所示：

hive> show partitions customer_partition_1;

```
OK
sex=man/native=GanSu
sex=woman/native=GanSu
Time taken: 0.065 seconds, Fetched: 2 row(s)
```

至此，动态分区测试完成。在实际开发中，我们可以根据查询的结果动态分区存储，这是比较方便和实用的，所以相对于静态分区而言，动态分区更受开发人员青睐。

3.2 HiveQL 数据操作

本小节将介绍 HiveQL 数据操作，即 Hive 数据仓库中管理表和外部表数据的导入和导出，我们以 sogou.500w.utf8 的数据为例。

该数据共计有 6 个字段，分别记录了：访问时间、用户 ID、查询词、该 URL 在返回结果中的排名、用户点击的顺序号、用户点击的 URL。其中，用户 ID 是根据用户使用浏览器访问搜索引擎时的 Cookie 信息自动赋值，即同一次使用浏览器输入的不同查询对应同一个用户 ID。

3.2.1 向管理表中装载数据

创建管理表 sogou_500w 并向其中写入 sogou.500w.utf8 数据，操作如下所示：

```
hive> create database sogou;                    //创建sogou数据
hive> use sogou;                                //使sogou处于当前工作数据库
hive> CREATE TABLE IF NOT EXISTS sogou.sogou_500w(
    > ts STRING,
    > uid STRING,
    > keyword STRING,
    > rank INT,
    > orders INT,
    > url STRING)
    > ROW FORMAT DELIMITED
    > FIELDS TERMINATED BY '\t'
    > STORED AS TEXTFILE;                       //创建表sogou_500w
hive> load data local inpath '/home/ydh/sogou.500w.utf8' overwrite into table sogou.sogou_500w;    //向表sogou_500w中加载数据，如下所示
```

```
Loading data to table sogou.sogou_500w
Table sogou.sogou_500w stats: [numFiles=1, numRows=0, totalSize=573670020, rawDataSize=0]
OK
Time taken: 29.305 seconds
```

```
hive> select * from sogou.sogou_500w limit 5;    //查看表sogou_500w中的数据
```

3.2.2 经查询语句向表中插入数据

从表 sogou_500w 中把查询词包含"仙剑奇侠传"的用户搜索记录过滤出来并插入表 sogou_xj 中。

首先，在数据库 sogou 中创建表 sogou_xj，操作命令如下：

```
hive> CREATE TABLE IF NOT EXISTS sogou.sogou_xj(
    > ts STRING,
    > uid STRING,
    > keyword STRING,
    > rank INT,
    > orders INT,
    > url STRING)
    > ROW FORMAT DELIMITED
    > FIELDS TERMINATED BY '\t'
    > STORED AS TEXTFILE;
```

接着，向表 sogou_xj 中插入符合条件的数据，操作命令如下：

```
hive> insert overwrite table sogou.sogou_xj select * from sogou.sogou_500w where keyword like '%仙剑奇侠传%'
hive> select * from sogou.sogou_xj limit 10;  //查询表sogou_xj中的数据
```

3.2.3 单个查询语句中创建表并加载数据

对表 sogou_xj 中的数据进行备份，我们可以在单个查询语句中创建表 sogou_xj_backup 并向其中加载数据，操作命令如下：

```
hive> create table sogou.sogou_xj_backup as select * from sogou.sogou_xj;
hive> select * from sogou.sogou_xj_backup limit 10;  //查询表sogou_xj_backup中的数据
```

3.2.4 导入数据

Hive 表中的数据最终落地在 HDFS 文件系统上，所以我们可以通过 HDFS 的命令行操作直接将数据写入 Hive 表 LOCATION 属性所指向的地址。下面，我们来创建一张 Hive 的外部表 sogou_liangjian，建表脚本如下：

```
hive> CREATE EXTERNAL TABLE IF NOT EXISTS sogou.sogou_liangjian(
    > ts STRING,
```

```
    > uid STRING,
    > keyword STRING,
    > rank INT,
    > orders INT,
    > url STRING)
    > ROW FORMAT DELIMITED
    > FIELDS TERMINATED BY '\t'
    > STORED AS TEXTFILE;
    > LOCATION '/sogou/liangjian';
```

在 /home/ydh 目录下创建一个文件 liangjian.txt，并向文件中写入数据。

通过 HDFS 命令行接口直接将 liangjian.txt 数据导入 Hive 表，其实就是将数据文件放到 LOCATION 属性所指向的路径下，然后就可以在 Hive 中通过 HiveQL 进行操作查询了，操作命令如下所示：

```
[ydh@master ~]$ hadoop fs -put liangjian.txt /sogou/liangjian
hive> select * from sogou.sogou_liangjian;              //查看表中数据
```

3.2.5 导出数据

从 Hive 数据仓库中导出数据到本地，因 Hive 的存储依赖于 HDFS 分布式文件系统，所以从 Hive 中导出数据其实就是从 HDFS 导出数据，使用 HDFS 的命令行接口就可以完成。现在，我们把表 sogou_xj_backup 中的数据导出，操作命令如下：

```
[ydh@master ~]$ hadoop fs -get /user/hive/warehouse/sogou.db/sogou_xj_back-up/000000_0
```

通过 Linux 命令查看 000000_0 文件的内容，如下所示：

```
[ydh@master ~]$ cat 000000_0
```

3.3 本章总结

我们在本章主要学习了 Hive 数据定义语言创建数据库、创建表、修改表、删除表，了解了 Hive 中的管理表和外部表的基本概念以及 Hive 分区表的概念。本章还详细介绍了 Hive 中静态分区与动态分区的原理，最后详细展示了 Hive 中数据操作的多种方式以及表中数据的导出方法。

3.4 本章习题

1. 什么是管理表，有哪些特征？

2. 什么是外部表？

3. 什么是分区表，静态分区和动态分区的区别是什么？

4. Hive 中向表插入数据有哪几种方式？

5. 将本章中所有涉及 Hive 的操作命令，在本地进行实操练习。

第04章 HiveQL 数据查询基础

本章要点
- HiveQL 数据查询语句
- HiveQL 连接查询语句

本章将要给大家介绍 HiveQL 的数据分析与查询功能。第一，掌握 HiveQL 的各种查询语言及其使用方法。第二，掌握 HiveQL 的各种连接查询语句的使用方法。

4.1 HiveQL 数据查询语句

Hive 为我们提供了丰富的查询语句，其语法结构几乎和关系型数据库的语法结构一模一样。所以，如果你有数据库基础或相关开发经验，学习 Hive 将会是一件愉快简单的事情。下面我们就一起来学习 Hive 中常见的查询语句。

4.1.1 SELECT 语句

在所有数据库系统中，SELECT 语句是应用最广的，也是相对复杂的语句，它用于选取字段。同样，Hive 中的 SELECT 语句也是比较复杂的查询语句。

SELECT 语句的语法结构如下所示：

```
SELECT */field1,field2… FROM tableName,
```

接下来，我们以上一章所创建的数据库 sogou 中表 sogou_500w 的数据为例来介绍 SELECT 语句的使用方法。

数据库 sogou 中表 sogou_500w 的结构信息如下所示：

```
hive> desc sogou.sogou_500w;   //查看表结构信息
```

其中 ts 为访问时间，uid 为用户 ID，keyword 为搜索关键词，rank 为该 URL 在返回结果中的排名，order 为用户点击的顺序号，url 为用户点击的 URL 地址。注意，字段 uid 的值是根据用户使用浏览器访问搜索引擎时的 cookie 信息自动赋值的。

例如，统计表 sogou_500w 中数据的总条数，代码如下所示：

```
hive> SELECT count(*) FROM sogou.sogou_500w;      //查询结果如下所示
```

例如，查询表 sogou_500w 中前 10 条数据，代码如下所示：

```
hive> SELECT * FROM sogou.sogou_500w limit 10;   //查询结果
```

例如，查询表 sogou_500w 中只包含 uid 和 keyword 字段的前 10 条数据，代码如下所示：

```
hive> SELECT uid, keyword FROM sogou.sogou_500w limit 10;   //查询结果
```

4.1.2 WHERE 语句

SELECT 语句用于选取字段，WHERE 语句则用于过滤条件，两者结合使用可以查找到符合过滤条件的记录。

例如，过滤出关键词中包含"亮剑"的记录总数，代码如下所示：

```
hive> SELECT count(*) FROM sogou.sogou_500w WHERE keyword like '%亮剑%';
```

```
Total MapReduce CPU Time Spent: 17 seconds 650 msec
OK
27217
Time taken: 36.843 seconds, Fetched: 1 row(s)
```

例如，过滤出关键词中包含"泰坦尼克号"的前 5 条记录，并只显示 ts、uid 和 keyword 字段的数据，代码如下所示：

```
hive> SELECT ts, uid, keyword FROM sogou.sogou_500w WHERE keyword like '%泰坦尼克号%' limit 10;
```

```
OK
20111230011231    b3fd44e2a4279da4d10f97d59b937664    泰坦尼克号 电影
20111230011659    b3fd44e2a4279da4d10f97d59b937664    泰坦尼克号 电影
20111230092147    e989b7a700a14c410efd2ca94890739b    泰坦尼克号电影在线观看
20111230093355    e989b7a700a14c410efd2ca94890739b    泰坦尼克号电影在线观看
20111230113240    c73e8a4d6ab58a3aba3ab752a4402f04    泰坦尼克号
20111230113319    c73e8a4d6ab58a3aba3ab752a4402f04    泰坦尼克号电影完整版
20111230113819    c73e8a4d6ab58a3aba3ab752a4402f04    电影 泰坦尼克号国语
20111230113839    c73e8a4d6ab58a3aba3ab752a4402f04    电影 泰坦尼克号国语
20111230113904    c73e8a4d6ab58a3aba3ab752a4402f04    电影 泰坦尼克号国语
20111230113934    c73e8a4d6ab58a3aba3ab752a4402f04    电影 泰坦尼克号国语
Time taken: 0.078 seconds, Fetched: 10 row(s)
```

4.1.3　GROUP BY 语句

GROUP BY 语句通常会和聚合函数一起使用，其语意为按照一个或者多个列对结果进行分组，然后使用聚合函数对每个组执行聚合运算。

例如，统计出每个用户使用搜索引擎的搜索频率，那就是统计用户使用搜索引擎的次数了。我们可按照 uid 分组，相同 uid 的搜索记录会被分配到一个组中，然后对每个组进行聚合累加运算，就会得出每个用户搜索的次数，即用户使用搜索引擎的搜索频率，操作命令如下所示：

```
hive> SELECT uid,count(*) FROM sogou.sogou_500w group by uid;
```

```
ffefc35ad24177b6840769f2d5c932e8    4
ffefcdbedf986fdcf39e52bd61c9b2d2    5
ffefd6505d205ee64ce39c07f9ba34a8    1
ffefdc43b480ef16b0054be91e190fd7    3
ffeff415134ac9ea4b8a9fcfec5dd4e5    4
ffeff98f4ed9de6cbee00d98ac21259b    11
fff0195d95443376c689ddb6ee6b0511    1
fff046c0e9c63053e27fda7a2b4645a9    15
fff07062ab03240c49d963b9216d26c3    5
fff0df6ebe3fe5b208596fa07266bb76    2
fff13f7c85e57d64b86ae46ca14711d7    3
fff18ee3613beaef60d663a34fe08eef    11
fff18f69c10fdab58a52d020ca671e3e    4
fff21301141df2fb773e19adf53b1386    1
```

例如，统计搜索过关键词包含有"亮剑"一词的用户及关键词搜索频率，那么需要首先通过子查询过滤出关键词中包含"亮剑"的搜索记录，然后再按照 uid 和 keyword 字段进行分组统计就可以了，查询 SQL 代码如下：

```
hive> SELECT t.uid, t.keyword, count(*) FROM (SELECT * FROM sogou.sogou_500w
WHERE keyword like '%亮剑%') t GROUP BY t.uid, t.keyword;
```

搜索结果如下所示：

例如，统计搜索关键词包含有"亮剑"一词的用户及关键词搜索频率，并在此基础上过滤出搜索次数大于 30 的用户，统计查询 SQL 的代码如下所示：

```
hive> SELECT t1.* FROM (SELECT t.uid, t.keyword, count(*) as cnt FROM (SELECT *
FROM sogou.sogou_500w WHERE keyword like '%亮剑%') t GROUP BY t.uid, t.keyword) t1
WHERE t1.cnt>=30;
```

统计结果如下所示：

4.1.4　HAVING 分组筛选

HAVING 子句允许用户通过一个简单的语法，来完成原本需要通过子查询才能对 GROUP BY 语句产生的分组结果进行条件过滤的任务。

例如，以上小节中统计搜索关键词中包含"亮剑"一词的用户及关键词搜索次数，并且过滤出搜索次数大于 30 的用户。有了 HAVING 字句，就可以把 GROUP BY 语句产生的分组结果进行过滤的子查询任务替换为 HAVING 子句，操作命令如下所示：

```
hive> SELECT t.uid, t.keyword, count(*) as cnt FROM (SELECT * FROM sogou.so-
gou_500w WHERE keyword like '%亮剑%') t GROUP BY t.uid, t.keyword HAVING cnt>=30
```

统计结果如下所示:

```
Hadoop job information for Stage-1: number of mappers: 3; number of reducers: 3
2019-03-07 21:54:54,215 Stage-1 map = 0%, reduce = 0%
2019-03-07 21:55:18,610 Stage-1 map = 33%, reduce = 0%, Cumulative CPU 9.01 sec
2019-03-07 21:55:22,833 Stage-1 map = 56%, reduce = 0%, Cumulative CPU 13.06 sec
2019-03-07 21:55:29,198 Stage-1 map = 78%, reduce = 0%, Cumulative CPU 15.61 sec
2019-03-07 21:55:30,246 Stage-1 map = 100%, reduce = 0%, Cumulative CPU 16.06 sec
2019-03-07 21:55:33,420 Stage-1 map = 100%, reduce = 33%, Cumulative CPU 18.07 sec
2019-03-07 21:55:36,503 Stage-1 map = 100%, reduce = 100%, Cumulative CPU 22.43 sec
MapReduce Total cumulative CPU time: 22 seconds 430 msec
Ended Job = job_1551924548119_0008
MapReduce Jobs Launched:
Stage-Stage-1: Map: 3  Reduce: 3  Cumulative CPU: 22.43 sec   HDFS Read: 573712509 HDFS Write: 110 SUCC
ESS
Total MapReduce CPU Time Spent: 22 seconds 430 msec
OK
15898355522b2a5e2ff50126377df1e2        新亮剑  34
9faa09e57c277063e6eb70d178df8529        新亮剑  39
Time taken: 54.771 seconds, Fetched: 2 row(s)
```

如上所示,我们看到结果与上一小节中利用子查询实现的结果完全吻合,同时发现对于复杂的 SQL,我们的 Hive 将其转化为 MapReduce 的 map 和 reduce 任务并启动 MapReduce 的 Job 来完成最终的统计运算。所以,Hive 底层的计算引擎就是 MapReduce,有了 Hive 我们就不用再去写 MapReduce 的 Java 代码程序了,直接写 HiveQL 就可以完成统计需求。Hive 的出现大大提高了开发效率。

统计用户查询次数大于 5 次的用户总数,首先要统计出各个用户的查询次数,其次利用 HAVING 子句把查询次数大于 5 次的用户过滤出来,最后通过一个查询统计出次数大于 5 次的用户总数,代码如下所示:

```
hive> SELECT count(t.uid) FROM (SELECT uid,count(*) as cnt FROM sogou.so-
gou_500w GROUP BY uid HAVING cnt > 5) t;
```

```
Hadoop job information for Stage-2: number of mappers: 1; number of reducers: 1
2019-03-07 23:04:37,134 Stage-2 map = 0%, reduce = 0%
2019-03-07 23:04:44,387 Stage-2 map = 100%, reduce = 0%, Cumulative CPU 1.24 sec
2019-03-07 23:04:50,631 Stage-2 map = 100%, reduce = 100%, Cumulative CPU 2.57 sec
MapReduce Total cumulative CPU time: 2 seconds 570 msec
Ended Job = job_1551924548119_0010
MapReduce Jobs Launched:
Stage-Stage-1: Map: 3  Reduce: 3  Cumulative CPU: 43.66 sec   HDFS Read: 573709440 HDFS Write: 351 SUCC
ESS
Stage-Stage-2: Map: 1  Reduce: 1  Cumulative CPU: 2.57 sec   HDFS Read: 5309 HDFS Write: 7 SUCCESS
Total MapReduce CPU Time Spent: 46 seconds 230 msec
OK
234403
Time taken: 120.187 seconds, Fetched: 1 row(s)
```

4.1.5 ORDER BY 语句和 SORT BY 语句

Hive 中 ORDER BY 语句和 SQL 中的定义是一样的,其会对查询结果集执行一次全局排序,也就是说会有一个所有数据都通过一个 reducer 进行处理的过程。对于大数据集,这个过程可能会消耗太多的时间。

Hive 增加了一个可供选择的方式,那就是 SORT BY 语句,该语句只会在每个 reducer 中对数据排序,也就是说会执行一个局部排序,因此可以保证每个 reducer 的输出数据都是有序的(但并非全局有序),如此就可以提高后面进行全局排序的效率。

因此若要在数据量级非常大的情况下排序,可以选择 SORT BY 语句,平时可以选择 ORDER BY 语句完成排序任务。

对于以上这两种排序语句,语法区别仅仅是:一个关键字是 ORDER,另一个关键字是 SORT。用户可以指定任意期望进行排序的字段,并可以在字段后面加上 ASC 关键字(默认)按升序排序,或加 DESC 关键字按降序排序。

下面我们通过一个实验来学习 ORDER BY 语句和 SORT BY 语句的应用。假如现在需要从表 sogou_500w 中统计出用户使用搜索引擎的频率,并将搜索频率最高的前 15 名的用户 ID 及其搜索次数统计出来,操作命令如下:

```
hive> select uid, count(*) as cnt from sogou.sogou_500w group by uid order by cnt desc limit 30;
```

Hive 中的运行结果如下所示:

```
Total MapReduce CPU Time Spent: 46 seconds 950 msec
OK
02a8557754445a9b1b22a37b40d6db38        11528
cc7063efc64510c20bcdd604e12a3b26        2571
9faa09e57c277063e6eb70d178df8529        2226
7a28a70fe4aaff6c35f8517613fb5c67        1292
b1e371de5729cdda9270b7ad09484c4f        1277
c72ce1164bcd263ba1f69292abdfdf7c        1120
2e89e70371147e04dd04d498081b9f61        837
06c7d0a3e459cab90acab6996b9d6bed        720
b3c94c37fb154d46c30a360c7941ff7e        676
beb8a029d374d9599e987ede4cf31111        676
f41fd2711156d4b255f2dcf236d6bb39        641
c65b26d0ceb14896ad901d3c4265e23d        590
5342261d204710ccaabd3425bc1c5c2c        502
d53f50eeda326b5ac64c8782c9935f1b        480
910c5227f0d2ffd870e5b7a9ade789c6        477
Time taken: 84.391 seconds, Fetched: 15 row(s)
```

使用 SORT BY 语句再次统计出搜索频率最高的前 15 名用户 ID 及其搜索次数,HiveQL 脚本程序如下:

```
hive> select uid, count(*) as cnt from sogou.sogou_500w group by uid sort by cnt desc limit 30;
```

Hive 中的运行结果如下所示:

```
Total MapReduce CPU Time Spent: 47 seconds 140 msec
OK
02a8557754445a9b1b22a37b40d6db38    11528
cc7063efc64510c20bcdd604e12a3b26     2571
9faa09e57c277063e6eb70d178df8529     2226
7a28a70fe4aaff6c35f8517613fb5c67     1292
b1e371de5729cdda9270b7ad09484c4f     1277
c72ce1164bcd263ba1f69292abdfdf7c     1120
2e89e70371147e04dd04d498081b9f61      837
06c7d0a3e459cab90acab6996b9d6bed      720
b3c94c37fb154d46c30a360c7941ff7e      676
beb8a029d374d9599e987ede4cf31111      676
f41fd2711156d4b255f2dcf236d6bb39      641
c65b26d0ceb14896ad901d3c4265e23d      590
5342261d204710ccaabd3425bc1c5c2c      502
d53f50eeda326b5ac64c8782c9935f1b      480
910c5227f0d2ffd870e5b7a9ade789c6      477
Time taken: 100.873 seconds, Fetched: 15 row(s)
```

表 sogou_500w 的数据量并不大，只有 500MB 左右，我们在对其进行统计结果排序时，从效率上考虑应采用 ORDER BY 语句来实现。其实从以上结果也可以发现原因：以上需求的实现采用 ORDER BY 语句排序共计花费了 84.391 秒，而采用 SORT BY 语句排序共计花费了 100.873 秒，显然在本次实验中 ORDER BY 语句所花费的时间比 SORT BY 语句要少，因此我们再一次验证了，数据量相对较小的时候，应采用 ORDER BY 语句来实现排序；但如果数据量庞大，SORT BY 语句的优势才会体现出来。

4.2　HiveQL 连接查询语句

HiveQL 连接查询语句，顾名思义就是多表之间的连接查询语句。在传统的关系型数据库系统中，连接查询语句是非常常用的一种数据查询分析方法。Hive 大数据平台数据仓库工具中也提供了丰富的连接查询语句，可以说是将传统的关系型数据库系统中用于连接查询的语句直接移植到了大数据平台 Hive 中。懂 SQL 语句的工程师可以直接操作 Hive，不用再学习新的语言或者其他大数据平台的操作脚本语言，但 HiveQL 连接查询语言的底层计算引擎不再是单机运算，而变成了大数据平台分布式并行批处理框架 MapReduce。

JOIN 连接语句

我们把 Hive 提供的这一套类 SQL 的连接查询语句称为 HiveQL 连接查询语句，其中包含了丰富的连接查询方式，如内连接、自然连接、外连接和自连接等。下面我们就各种连接查询进行详细的介绍。

首先，创建一个名叫 scott 的数据库并在其中创建两张表：第一张是员工表 emp，第二张是部门表 dept，并向其中写入数据。操作命令如下所示：

```
//创建数据库scott
hive> create database if not exists scott;
//使scott为当前工作状态
hive> use scott;
```

在数据库 scott 中创建员工表 emp，操作代码如下：

```
hive> create external table emp(empno varchar(50), ename varchar(30), job varchar(50), mgr varchar(30), sal double, deptno varchar(50)) row format delimited fields terminated by ',' stored as textfile location '/scott/emp';
```

创建 emp.csv 数据文件，向其中写入如下内容：

```
vim emp.csv
7654,lucyc,clerk,7764,8000,10
7894,tomiy,saleman,7764,8000,20
7454,smith,clerk,7764,8000,20
7654,zhang,saleman,9809,8000,20
7123,liyan,analysit,9809,8000,30
7764,qiaof,manager,0000,8000,30
2342,xiezc,clerk,7764,8000,40
9809,dengy,manager,0000,8000,40
```

使用 Hadoop 的命令行客户端向表 emp 中加载数据，操作命令如下：

```
hadoop fs -put /home/ydh/emp.csv /scott/emp
//查询表emp中数据
hive> select * from emp;
```

```
hive> select * from emp;
OK
7654    lucyc   clerk     7764    8000.0  10
7894    tomiy   saleman   7764    8000.0  20
7454    smith   clerk     7764    8000.0  20
7654    zhang   saleman   9809    8000.0  20
7123    liyan   analysit  9809    8000.0  30
7764    qiaof   manager   0000    8000.0  30
2342    xiezc   clerk     7764    8000.0  40
9809    dengy   manager   0000    8000.0  40
Time taken: 0.094 seconds, Fetched: 8 row(s)
```

在数据库 scott 中创建部门表 dept，操作代码如下：

```
hive> create external table dept(deptno varchar(50), dname varchar(30), loc
varchar(30)) row format delimited fields terminated by ',' stored as textfile location
'/scott/dept';
```

创建 dept.csv，向其中写入如下内容：

```
vim dept.csv
10,technology,beijing
30,sales,shenzhen
40,human,shanghai
50,product,xian
60,Logistics,beiing
70,Presal,guangzhou
80,aftermarket,shenzhen
```

使用 Hadoop 的命令行客户端向表 dept 中加载数据，操作命令如下：

```
hadoop fs -put /home/ydh/dept.csv /scott/dept
```

查询表 dept 中的数据，操作命令如下：

```
select * from dept;
```

```
hive> select * from dept;
OK
10      technology      beijing
30      sales   shenzhen
40      human   shanghai
50      product xian
60      Logistics       beiing
70      Presal  guangzhou
80      aftermarket     shenzhen
Time taken: 0.067 seconds, Fetched: 7 row(s)
```

我们在 Hive 中创建了员工表 emp 和部门表 dept 并向其中加载了数据。这两张表的含义非常清晰，emp 是员工表，主要存放员工信息，dept 是部门表，主要存放部门信息。那么这两表的关系也很清晰，一个部门可以有多个员工，而一个员工一定属于某一个具体的部门，所以 dept 部门表和 emp 员工表属于关联关系中的一对多关系。明确了这个关系之后，下面就进行表的各种连接查询的介绍。

Hive 的连接分为：内连接、自然连接和外连接。

1. 内连接

也可以简写为 join，只有进行连接的两个表中都存在与连接标准相匹配的数据才会被保留下来，内连接分为等值连接和不等值连接。

等值连接是指，在使用等号操作符的连接。

例如，我们想查看部门 30 中的员工，要求显示员工的姓名、职位、所属部门编号以及部门名称。

员工的姓名、职位存储在员工表 emp 中，部门的编号和部门名称存储在部门表 dept 中，所以我们需要对员工表 emp 和部门表 dept 做等值连接查询。因为在员工表中有一个字段是 deptno，和 dept 部门表中的部门编号 deptno 是相等的，如此就筛选出我们想要的字段内容。具体的 HiveQL 脚本程序设计如下所示：

```
hive> select emp.ename, emp.job, dept.deptno, dept.dname from emp inner join dept on emp.deptno = dept.deptno where dept.deptno=30;
```

Hive 中的运行结果如下：

```
Total MapReduce CPU Time Spent: 1 seconds 460 msec
OK
liyan      analysit        30      sales
qiaof      manager 30      sales
Time taken: 47.408 seconds, Fetched: 2 row(s)
```

不等值连接是指，使用 >、>=、<=、<、!>、!< 和 <> 操作符的连接。

例如，我们想获取部门编号不等于 10 的所有员工的姓名、职位以及员工所属的部门名称和部门地理位置信息，具体的 HiveQL 脚本程序设计如下所示：

```
hive> select emp.ename, emp.job, dept.dname, dept.loc from emp inner join dept on emp.deptno = dept.deptno where dept.deptno!=10;
```

Hive 中的运行结果如下所示：

```
Total MapReduce CPU Time Spent: 1 seconds 470 msec
OK
liyan      analysit        sales   shenzhen
qiaof      manager sales   shenzhen
xiezc      clerk   human   shanghai
dengy      manager human   shanghai
Time taken: 35.027 seconds, Fetched: 4 row(s)
```

2. 自然连接

自然连接是在广义笛卡尔积中选出同名属性上符合相等条件的元组，再进行投影，去掉重复的同名属性，组成新的关系。即自然连接是在两张表中寻找那些数据类型和列名都相同的字段，然后自动将它们连接起来，并返回所有符合条件的结果，它是通过对参与表关系中所有同名的属性对取等（即相等比较）来完成的，故无需自己添加连接条件。自然连接与外连接的区别在于，对于无法匹配的记录，外连接会虚拟一条与之匹配的记录来保全连接表中的所有记录，但自然连接不会。

例如，我们想查询部门编号为 10 和 30 的所有员工的姓名、职位和部门名称，这时就可以采用自然连接来对表 emp 和表 dept 进行连接查询，具体的 HiveQL 脚本程序设计如下：

```
hive> select ename, job, dname from emp natural join dept where dept.deptno
in('10','30');
```

Hive 中的运行结果如下：

```
OK
7654    lucyc   clerk   7764    8000.0  10      10      technology      beijing
7654    lucyc   clerk   7764    8000.0  10      30      sales   shenzhen
7894    tomiy   saleman 7764    8000.0  20      10      technology      beijing
7894    tomiy   saleman 7764    8000.0  20      30      sales   shenzhen
7454    smith   clerk   7764    8000.0  20      10      technology      beijing
7454    smith   clerk   7764    8000.0  20      30      sales   shenzhen
7654    zhang   saleman 9809    8000.0  20      10      technology      beijing
7654    zhang   saleman 9809    8000.0  20      30      sales   shenzhen
7123    liyan   analysit        9809    8000.0  10      technology      beijing
7123    liyan   analysit        9809    8000.0  30      sales   shenzhen
7764    qiaof   manager 0000    8000.0  30      10      technology      beijing
7764    qiaof   manager 0000    8000.0  30      30      sales   shenzhen
2342    xiezc   clerk   7764    8000.0  40      10      technology      beijing
2342    xiezc   clerk   7764    8000.0  40      30      sales   shenzhen
9809    dengy   manager 0000    8000.0  40      10      technology      beijing
9809    dengy   manager 0000    8000.0  40      30      sales   shenzhen
Time taken: 35.457 seconds, Fetched: 16 row(s)
```

3. 外连接

外连接分为左外连接查询、右外连接查询和全外连接。其中左外连接和右外连接在实际开发中会频繁使用，以下我们就来详细介绍这 3 种外连接的使用方式。

左外连接即以连接中的左表为主，返回左表的所有信息和右表中符合连接条件的信息，对于右表中不符合连接条件的则补空值。

例如，我们要查询所有的员工信息和他们所在的部门信息，该需求涉及员工表 emp 和部门表 dept。根据需求，我们先要查询出所有员工的基本信息，其次是员工所在部门的信息，因此我们可以采用左外连接的查询方式。emp 为左表，dept 为右表，实现左外连接查询，具体的 HiveQL 脚本程序设计如下：

```
hive> select e.empno, e.ename, e.job, d.deptno, d.dname, d.loc from emp e
left outer join dept d on e.deptno = d.deptno
```

Hive 中的运行结果如下所示：

```
Total MapReduce CPU Time Spent: 1 seconds 140 msec
OK
7654    lucyc   clerk   10      technology      beijing
7894    tomiy   saleman NULL    NULL    NULL
7454    smith   clerk   NULL    NULL    NULL
7654    zhang   saleman NULL    NULL    NULL
7123    liyan   analysit        30      sales   shenzhen
7764    qiaof   manager 30      sales   shenzhen
2342    xiezc   clerk   40      human   shanghai
9809    dengy   manager 40      human   shanghai
Time taken: 24.157 seconds, Fetched: 8 row(s)
```

从以上查询结果来看，左表 emp 中关于员工的基本信息都被查询出来了，右表中符合连接条件的员工的部门信息也被查询出来，而不符合连接条件的则补空值。这就是左外连接查询，它以左表为主进行连接查询。

右外连接 即以连接中的右表为主，返回右表的所有信息和左表中符合连接条件的信息，对于左表中不符合连接条件的则补空值。

例如，我们要查询部门的所有信息和部门中员工的基本信息，那么有的部门有可能是刚刚建立还没有任何员工，所以根据业务需求，本次查询会涉及员工表 emp 和部门表 dept，因为我们需要查询出部门的所有信息，所以可以采取右外连接的方式实现，即 dept 作为右表，emp 作为左表，具体的 HiveQL 脚本程序设计如下：

```
hive> select e.ename, e.job, d.deptno, d.dname, d.loc from emp e right outer join dept d on e.deptno = d.deptno
```

Hive 中的运行结果如下所示：

```
Total MapReduce CPU Time Spent: 1 seconds 0 msec
OK
lucyc     clerk     10     technology    beijing
liyan     analyst   30     sales         shenzhen
qiaof     manager   30     sales         shenzhen
xiezc     clerk     40     human         shanghai
dengy     manager   40     human         shanghai
NULL      NULL      50     product       xian
NULL      NULL      60     Logistics     beiing
NULL      NULL      70     Presal        guangzhou
NULL      NULL      80     aftermarket   shenzhen
Time taken: 21.854 seconds, Fetched: 9 row(s)
```

如上结果所示，作为右表的部门表 dept 中的所有信息被查询出来，而左表 emp 中的符合连接条件的信息也被查询出来，而不符合连接条件的则补空值。

4. 全外连接

查询结果等于左外连接和右外连接的和，详细 HiveQL 脚本程序设计如下：

```
hive> select e.*, d.* from emp e full outer join dept d on e.deptno = d.deptno;
```

Hive 中的执行结果如下所示：

```
Total MapReduce CPU Time Spent: 6 seconds 120 msec
OK
7654   lucyc   clerk     7764   8000.0   10     10     technology    beijing
7654   zhang   saleman   9809   8000.0   20     NULL   NULL          NULL
7454   smith   clerk     7764   8000.0   20     NULL   NULL          NULL
7894   tomiy   saleman   7764   8000.0   20     NULL   NULL          NULL
7764   qiaof   manager   0000   8000.0   30     30     sales         shenzhen
7123   liyan   analyst   9809   8000.0   30     30     sales         shenzhen
9809   dengy   manager   0000   8000.0   40     40     human         shanghai
2342   xiezc   clerk     7764   8000.0   40     40     human         shanghai
NULL   NULL    NULL      NULL   NULL     NULL   50     product       xian
NULL   NULL    NULL      NULL   NULL     NULL   60     Logistics     beiing
NULL   NULL    NULL      NULL   NULL     NULL   70     Presal        guangzhou
NULL   NULL    NULL      NULL   NULL     NULL   80     aftermarket   shenzhen
Time taken: 39.965 seconds, Fetched: 12 row(s)
```

以上结果显示，员工表 emp 和部门表 dept 中的所有信息都被查询出来，当然不符合连接条件的 emp 和 dept 都各自补空值。

5. 自连接

连接的表是同一张表，使用自连接可以将自身表的一个镜像当成另一个表来对待，所以自连接适用于表自己和自己的连接查询。

例如，在员工表 emp 中我们想查询经理的下属员工有哪些，那我们很清楚经理本身也是一名员工，但经理和下属又有一定的从属关系，所以这时候就需要用表的自连接来实现。具体的 HiveQL 脚本程序设计如下：

```
hive> select e1.empno, e2, empno, e2.ename, e2.job, e2.sal from emp e1, emp e2 where e1.empno = e2.mgr;
```

Hive 中的执行结果如下所示：

```
Total MapReduce CPU Time Spent: 1 seconds 460 msec
OK
7764    7654    lucyc       clerk       8000.0
7764    7894    tomiy       saleman     8000.0
7764    7454    smith       clerk       8000.0
9809    7654    zhang       saleman     8000.0
9809    7123    liyan       analyst                 8000.0
7764    2342    xiezc       clerk       8000.0
Time taken: 25.248 seconds, Fetched: 6 row(s)
```

分析以上自连接的查询结果，我们发现经理编号为 7764 的员工拥有 3 个下级员工，分别是：7654、7894、7454，并且我们还查询到这 3 个员工的姓名、职位和薪水。

4.3 本章总结

本章主要从 HiveQL 基础查询语句和 HiveQL 连接查询语句两个方面介绍了 Hive 数据分析和处理的方法。其中在基础查询语句方面，我们介绍了 SELECT 语句、WHERE 语句、GROUP BY 语句、ORDER BY 语句和 SORT BY 语句的使用；在连接查询语句方面，我们介绍了内连接、自然连接、外连接和自连接查询语句，熟练掌握这两方面的技术，将会让你在实际的离线数据批处理开发方面得心应手。

4.4 本章习题

1. 将本章所涉及的 HiveQL 语句在自己的集群上反复练习。
2. 总结内连接、自然连接、外连接以及自连接的业务场景和使用方法。
3. 在集群上练习本章所介绍的各种连接查询语句。

第05章 HiveQL 数据查询进阶

本章要点
- Hive 内置函数
- Hive 构建搜索日志分析系统
- Sqoop 应用与开发

本章我们将从 3 个方面介绍 HiveQL 数据查询的高级应用：第一是 Hive 的内置函数；第二是使用 Hive 构建搜索引擎日志分析系统；第三是 Sqoop 工具的应用与开发。

5.1 Hive 内置函数

Hive 内置函数就是 Hive 数据仓库工具已经帮助开发者实现好的可以拿来即用的函数，就好像传统的关系型数据库为开发者提供的丰富的函数，如 sum、count、sqrt 等。Hive 提供的这些内置函数与关系型数据库所提供的函数在形式和功能上都是一样的。

首先，我们来浏览一下 Hive 都提供了哪些内置函数，操作命令如下：

```
hive> show functions;
```

```
add_months
and
array
array_contains
ascii
asin
assert_true
atan
avg
base64
between
bin
case
cbrt
ceil
ceiling
coalesce
collect_list
collect_set
compute_stats
concat
concat_ws
context_ngrams
conv
corr
cos
count
covar_pop
covar_samp
```

如上所示，我们只列出了一小部分内置函数，有的我们使用得很频繁，如 avg 求平均值函数、concat 连接函数、count 统计函数。其实 Hive 为开发者提供了两百多个内置函数，对这些 Hive 内置函数进行分组和归类后，这里主要介绍一些常用的内置函数，需要重点学习和掌握。

以上列出的 Hive 内置函数可以分为：数学函数、字符函数、收集函数、转换函数、日期函数、条件函数、聚合函数以及表生成函数，下面我们分别就各类函数中在实际开发中使用较为频繁的进行详细的介绍。

5.1.1　数学函数

加法 "+" 函数的应用，代码如下：

hive> select 10+2;　　//结果12

```
Time taken: 0.134 seconds, Fetched: 1 row(s)
hive> select 10+2;
OK
12
```

减法 "-" 函数的应用，代码如下：

hive> select 10-2;　　//结果8

```
hive> select 10-2;
OK
8
Time taken: 0.082 seconds, Fetched: 1 row(s)
```

乘法 "*" 函数的应用，代码如下：

```
hive> select 10*2;
```

```
hive> select 10*2;
OK
20
Time taken: 0.074 seconds, Fetched: 1 row(s)
```

除法 "/" 函数的应用，代码如下：

```
hive> select 10/2;
```

```
hive> select 10/2;
OK
5.0
Time taken: 0.06 seconds, Fetched: 1 row(s)
```

round 四舍五入函数的应用，代码如下：

```
hive> select round(88.947,2), round(77.912,1), round(55.667,2);
```

```
hive> select round(88.947,2), round(77.912,1), round(55.667,2);
OK
88.95    77.9    55.67
Time taken: 0.076 seconds, Fetched: 1 row(s)
```

ceil 向上取整函数的应用，代码如下：

```
hive> select ceil(88.9);
```

```
hive> select ceil(88.9);
OK
89
Time taken: 0.055 seconds, Fetched: 1 row(s)
```

floor 向下取整函数的应用，代码如下：

```
hive> select floor(88.9);
```

```
hive> select floor(88.9);
OK
88
Time taken: 0.05 seconds, Fetched: 1 row(s)
```

pow 取平方函数的应用，代码如下：

```
hive> select pow(3,2);    //3的平方（二次方）等于9
```

```
hive> select pow(3,2);
OK
9.0
Time taken: 1.233 seconds, Fetched: 1 row(s)
```

pmod 取模函数，即取余数的应用，代码如下：

```
hive> select pmod(13,3);
```

```
hive> select pmod(13,3);
OK
1
Time taken: 0.063 seconds, Fetched: 1 row(s)
```

5.1.2 字符函数

1. lower 转小写函数

将字符串 "ABCDEFG" 通过 lower 函数转换为小写字符串 "abcdefg"，代码如下：

hive> select lower("ABCDEFG");

```
hive> select lower("ABCDEFG");
OK
abcdefg
Time taken: 0.11 seconds, Fetched: 1 row(s)
```

2. upper 转大写函数

将字符串 "abcdefg" 转换为大写字符串 "ABCDEFG"，代码如下：

hive> select upper("abcdefg");

```
hive> select upper("abcdefg");
OK
ABCDEFG
Time taken: 0.062 seconds, Fetched: 1 row(s)
```

3. length 字符串长度函数

获取字符串 "hadoop" 的长度，代码如下：

hive> select length("hadoop");

```
hive> select length("hadoop");
OK
6
Time taken: 0.086 seconds, Fetched: 1 row(s)
```

4. concat 字符串拼接函数

完成 hadoop 和 spark 的合并，代码如下：

hive> select concat("hadoop", "&spark");

```
hive> select concat("hadoop", "&spark");
OK
hadoop&spark
Time taken: 0.099 seconds, Fetched: 1 row(s)
```

5. substr 求子串函数

substr(a,b)：从字符串 a 中，第 3 位开始取，取右边所有的字符，代码如下：

hive> select substr("hadoophbasespark",3);

```
hive> select substr("hadoophbasespark",3);
OK
doophbasespark
Time taken: 0.06 seconds, Fetched: 1 row(s)
```

substr(a,b,c)：从字符串 a 中，第 b 为开始取，取 c 个字符，代码如下：

```
hive> select substr("hadoophbasespark",3,4);
```

```
hive> select substr("hadoophbasespark",3,4);
OK
doop
Time taken: 0.063 seconds, Fetched: 1 row(s)
```

6. trim 去前后空格函数

trim(str) 是指，将字符串 str 前后出现的空格剔除

```
hive> select trim("    hadoophbasespring    ");
```

```
hive> select trim("    hadoophbasespring    ");
OK
hadoophbasespring
Time taken: 0.132 seconds, Fetched: 1 row(s)
```

7. get_json_object 用于处理 json 格式数据的函数

创建准备存放 json 格式数据的表 weixin，并向其中写入 json 格式的数据，然后应用 get_json_object 函数来处理表 weixin 中的 json 格式的数据。

```
hive> use sogou;
hive> CREATE EXTERNAL TABLE IF NOT EXISTS sogou.weixin(
    > json STRING)
    > STORED AS TEXTFILE
    > LOCATION '/weixin/json';
```

构造 json 格式的数据文件 weixin.txt，并在文件中写入如下所示的数据内容：

```
[ydh@master ~]$ vim weixin.txt
[{"name":"zhangsan","age":23,"address":"GanSu"}]
[{"name":"zhangsan2","age":21,"address":"shangdong"}]
[{"name":"zhangsan3","age":22,"address":"beijing"}]
```

向 Hive 的表 sogou.weixin 中加载 json 格式的数据：

```
hadoop fs -put /home/ydh/weixin.txt /weixin/json
hive> select * from sogou.weixin;
```

```
hive> select * from sogou.weixin;
OK
[{"name":"zhangsan","age":23,"address":"GanSu"}]
[{"name":"zhangsan2","age":21,"address":"shangdong"}]
[{"name":"zhangsan3","age":22,"address":"beijing"}]
Time taken: 0.414 seconds, Fetched: 3 row(s)
```

如上所示，表 weixin 中的数据都是 json 格式的字符串，使用 get_json_object 函数就可以轻松处理该 json 数据格式。

使用 get_json_object 函数从 json 格式数据中解析出 name 字段信息：

```
hive> select get_json_object(a.j,'$.name') from (select substr(json,2,length(json)-2) as j from sogou.weixin) a;
```

```
hive> select get_json_object(a.j,'$.name')
    > from (select substr(json,2,length(json)-2) as j from sogou.weixin) a;
OK
zhangsan
zhangsan2
zhangsan3
Time taken: 0.075 seconds, Fetched: 3 row(s)
```

使用 get_json_object 函数从 json 格式数据中解析出 age 字段的信息：

```
hive> select get_json_object(a.j,'$.age') from (select substr(json,2,length(json)-2) as j from sogou.weixin) a;
```

```
hive> select get_json_object(a.j,'$.age')
    > from (select substr(json,2,length(json)-2) as j from sogou.weixin) a;
OK
23
21
22
Time taken: 0.063 seconds, Fetched: 3 row(s)
```

5.1.3 转换函数

类型转换函数 cast 的应用，代码如下：

```
hive> select cast(99 as double);
```

```
hive> select cast(99 as double);
OK
99.0
Time taken: 0.094 seconds, Fetched: 1 row(s)
```

```
hive> select cast("2020-1-30" as date);
```

```
hive> select cast("2020-1-30" as date);
OK
2020-01-30
Time taken: 0.112 seconds, Fetched: 1 row(s)
```

5.1.4 日期函数

使用 year、month 和 day 分别获取年份、月份、日的函数：

```
hive> select year("2019-9-16 14:36:40"), month("2019-9-16 14:36:40"),
day("2019-9-16 14:36:40");
```

```
hive> select year("2019-9-16 14:36:40"), month("2019-9-16 14:36:40"), day("2019-9-16 14:36:40");
OK
2019    9    16
Time taken: 0.061 seconds, Fetched: 1 row(s)
```

to_date 返回日期时间字段中的日期部分：

```
hive> select to_date("2019-9-16 14:36:40");
```

```
hive> select to_date("2019-9-16 14:36:40");
OK
2019-09-16
Time taken: 0.077 seconds, Fetched: 1 row(s)
```

5.1.5 条件函数

case … when … 是，条件表达式，语法格式为 case A when B then C [when D then E]* [else F] end。

对于 A 来说，如果判断为 B 则返回 C，如果判断为 D 则返回 E（此处判断条件可为多个），如果以上都不是则返回 F。注意，最后还有一个 end 结束符。

```
hive> select ename, job, sal, case job when 'manager' then sal+2000 when
'clerk' then sal+1000 else sal+400 end  from emp;
```

```
hive> select ename, job, sal,
    > case job when 'manager' then sal+1000
    > when 'clerk' then sal+600
    > else sal+300
    > end
    > from emp;
OK
lucyc    clerk      8000.0    8600.0
tomiy    saleman    8000.0    8300.0
smith    clerk      8000.0    8600.0
zhang    saleman    8000.0    8300.0
liyan    analysit   8000.0    8300.0
qiaof    manager    8000.0    9000.0
xiezc    clerk      8000.0    8600.0
dengy    manager    8000.0    9000.0
Time taken: 0.065 seconds, Fetched: 8 row(s)
```

5.1.6 聚合函数

1. count：返回行数

求员工表中员工的总人数，HiveQL 脚本程序设计如下：

```
hive> select count(*) from emp;
```

```
Total MapReduce CPU Time Spent: 3 seconds 340 msec
OK
8
Time taken: 33.002 seconds, Fetched: 1 row(s)
```

2. sum：组内某列求和函数

求员工表各个岗位的员工的工资总计，HiveQL 脚本程序设计如下：

```
hive> select job, sum(sal) from emp group by job;
```

```
Total MapReduce CPU Time Spent: 2 seconds 420 msec
OK
analysit    8000.0
clerk   24000.0
manager 16000.0
saleman 16000.0
Time taken: 25.109 seconds, Fetched: 4 row(s)
```

3. min：组内某列最小值

统计员工表中各岗位的最小工资金额，HiveQL 脚本程序设计如下：

```
hive> select job, min(sal) from emp group by job;
```

```
Total MapReduce CPU Time Spent: 2 seconds 80 msec
OK
analysit    6000.0
clerk   800.0
manager 5000.0
saleman 1000.0
Time taken: 21.825 seconds, Fetched: 4 row(s)
```

4. max：组内某列最大值

统计员工表中各岗位的最大工资金额，HiveQL 脚本程序设计如下：

```
hive> select job, max(sal) from emp group by job;
```

```
Total MapReduce CPU Time Spent: 2 seconds 100 msec
OK
analysit    6000.0
clerk   8000.0
manager 10000.0
saleman 2000.0
Time taken: 22.922 seconds, Fetched: 4 row(s)
```

5. avg：组内某列平均值

统计员工表中各岗位的平均工资金额，HiveQL 脚本程序设计如下：

```
hive> select job, avg(sal) from emp group by job;
```

```
Total MapReduce CPU Time Spent: 2 seconds 130 msec
OK
analysit        6000.0
clerk   4266.666666666667
manager 7500.0
saleman 1500.0
Time taken: 21.903 seconds, Fetched: 4 row(s)
```

5.2 Hive 构建搜索引擎日志数据分析系统

在《Hadoop 大数据实战开发》一书中我曾介绍过利用 MapReduce 分布式并行计算框架技术研发汽车销售数据统计分析系统。Hive 技术的出现成功地将传统的 SQL 语句移植到大数据平台，使得开发人员可以继续沿用传统的 SQL 数据分析方法而不必去学习额外的分析语言，这使得开发人员学习运用 Hive 的成本大大降低，因此 Hive 技术得到了快速的发展与推广。另外，Hive 的开发效率比 MapReduce 高了许多。有了 Hive 技术，开发人员很少再去写 MapReduce 程序，仅用一条 SQL 语句就可以实现复杂的数据分析任务了。当然，Hive 负责将 SQL 语句解析为 MapReduce 的 Job 任务在集群上运行。

下面，就让我们来学习使用 Hive 技术来处理搜索引擎日志数据。

5.2.1 数据预处理（Linux 环境）

引擎搜索日志数据的数据格式为：访问时间 \t 用户 ID \t [查询词] \t 该 URL 在返回结果中的排名 \t 用户点击的顺序号 \t 用户点击的 URL 地址。其中，用户 ID 是根据用户使用浏览器访问搜索引擎时的 cookie 信息自动赋值的，也就是使用同一浏览器输入的多次不同查询所产生的多条搜索记录，对应同一个用户 ID 信息。

1. 查看数据

进入实验数据文件夹用 less 命令查看：

```
less sogou.500w.utf8
```

```
[lgr@master ~]$ less sogou.500w.utf8
```

查看数据的总行数的命令如下:

```
wc -l sogou.500w.utf8
```

```
[lgr@master ~]$ wc -l sogou.500w.utf8
5000000 sogou.500w.utf8
```

可以看到,结果共计有 500 万行搜索数据。

2. 数据扩展

将用户访问时间字段拆分并拼接,在原始数据每行后面添加年、月、日、小时字段,用以扩充原始数据,为后面创建分区表做好数据准备工作。为此,我们需要写一个 Linux 的 shell 脚本程序来完成数据的扩展任务,该脚本的内容如下所示:

```
vim sogou-log-extend.sh
#!/bin/bash
#infile=/sogou.500w.utf8  输入文件
infile=$1
#outfile=/sogou.500w.utf8.ext  输出文件
outfile=$2
awk -F '\t' '{print $0"\t"substr($1,1,4)"\t"substr($1,5,2)"\t"substr($1,7,2)"\t"substr($1,9,2)}' $infile > $outfile
```

在 Linux 中执行脚本程序的命令如下所示:

```
bash sogou-log-extend.sh /home/lgr/sogou.500w.utf8 /home/lgr/sogou.500w.utf8.ext
```

使用如下命令查看数据扩展结果:

```
less /home/lgr/sogou.500w.utf8.ext
```

3. 数据加载

将数据加载到 HDFS,命令如下所示:

```
hdfs dfs -mkdir -p /sogou/20111230
hdfs dfs -put /home/lgr/sogou.500w.utf8 /sogou/20111230/
```

```
[lgr@master ~]$ hadoop fs -ls /sogou/20111230
Found 1 items
-rw-r--r--   3 lgr supergroup  573670020 2019-06-25 18:33 /sogou/20111230/sogou.500w.utf8
```

```
hdfs dfs -mkdir -p /sogou_ext/20111230
hdfs dfs -put /home/lgr/sogou.500w.utf8 /sogou_ext/20111230
```

```
[lgr@master ~]$ hadoop fs -ls /sogou_ext/20111230
Found 1 items
-rwxr-xr-x   3 lgr supergroup  643670020 2019-06-30 18:46 /sogou_ext/20111230/sogou.500w.utf8.ext
```

5.2.2 基于 Hive 构建日志数据的数据仓库

首先要求 Hadoop 集群已正常启动，然后打开 Hive 客户端：

```
[lgr@master ~]$ hive
Logging initialized using configuration in jar:file:/home/lgr/apache-hive-1.2.2-bin/lib/hive-common-1
.2.2.jar!/hive-log4j.properties
hive>
```

以下操作都是在 Hive 客户端完成。

1. 基本操作

查看数据库的命令如下所示：

hive>show databases;

创建数据库 sogou：

hive>create database if not exists sogou;

```
hive> create database if not exists sogou;
OK
Time taken: 0.614 seconds
```

接下来使用数据库：

hive>use sogou;

查看所有表名：

hive>show tables;

创建外部表 sogou_20111230 用于加载 sogou.500w.utf8 的数据：

hive> CREATE EXTERNAL TABLE sogou.sogou_20111230(
    > ts string,

```
    > uid string,
    > keyword string,
    > rank int,
    > order int,
    > url string)
    > COMMENT 'This is the sogou search data of one day'
    > ROW FORMAT DELIMITED
    > FIELDS TERMINATED BY '\t'
    > STORED AS TEXTFILE
    > LOCATION '/sogou/20111230';
```

其中，LOCATION '/sogou/20111230'; 定位到 HDFS 分布式文件系统 /sogou/20111230 目录，该目录下已有数据，就是在数据加载一小节中上传的。

```
hive> desc sogou_20111230
```

```
hive> desc sogou_20111230;
OK
ts                      string
uid                     string
keyword                 string
rank                    int
sorder                  int
url                     string
Time taken: 0.67 seconds, Fetched: 6 row(s)
```

2. 创建分区表（按照年、月、天、小时分区）

创建要扩展 4 个字段（年、月、日、小时）数据的外部表，命令如下所示：

```
hive > CREATE EXTERNAL TABLE sogou.sogou_ext_20111230(
    > ts string,
    > uid string,
    > keyword string,
    > rank int,
    > order int,
    > url int,
    > year int,
    > month int,
    > day int,
    > hour int )
    > COMMENT 'This is the sogou search data of extend'
    > ROW FORMAT DELIMITED
    > FIELDS TERMINATED BY '\t'
```

```
> STORED AS TEXTFILE
> LOCATION '/sogou_ext/20111230';
```

其中，LOCATION '/sogou_ext/20111230'; 定位到 HDFS 分布式文件系统 /sogou_ext/20111230 这个目录，该目录下已有数据，就是在数据加载一小节中上传的。

然后，创建带分区的表：

```
hive > CREATE EXTERNAL TABLE sogou.sogou_partition(
    > ts string,
    > uid string,
    > keyword string,
    > rank int,
    > order int,
    > url string )
    > COMMENT 'This is the sogou search data by partitioned'
    > partition by (
    > year INT, month INT, day INT, hour INT )
    > ROW FORMAT DELIMITED
    > FIELDS TERMINATED BY '\t'
    > STORED AS TEXTFILE;
hive>show tables;
```

```
sogou_20111230
sogou_ext_20111230
sogou_partition
```

最后向分区表 sogou_partition 中载入数据：

```
hive> set hive.exec.dynamic.partition.mode=nonstrict;   //开启动态分区模式为非严格的
    hive> INSERT OVERWRITE TABLE sogou.sogou_partition PARTITION(year, month, day, hour) select * from sogou.sogou_ext_20111230;
```

```
Total MapReduce CPU Time Spent: 3 minutes 53 seconds 460 msec
OK
Time taken: 400.815 seconds
```

3. 查询结果

使用以下命令查询结果：

```
hive> select * from sogou_partition limit 10;
```

5.2.3 数据分析需求（1）：条数统计

数据总条数统计的 HiveQL 脚本程序设计如下：

hive> select count(*) from sogou.sogou_ext_20111230;

```
Total MapReduce CPU Time Spent: 20 seconds 500 msec
OK
5000000
Time taken: 75.314 seconds, Fetched: 1 row(s)
```

非空查询条数的 HiveQL 脚本程序设计如下：

hive> select count(*) from sogou.sogou_ext_20111230 where keyword is not null and keyword !='';

```
Total MapReduce CPU Time Spent: 37 seconds 490 msec
OK
5000000
Time taken: 73.569 seconds, Fetched: 1 row(s)
```

无重复总条数（根据 ts、uid、keyword、url）的 HiveQL 脚本程序设计如下：

hive> select count(*) from (select * from sogou.sogou_ext_20111230 group by ts,uid,keyword,url having count(*) =1)

独立 UID 总数的 HiveQL 脚本程序设计如下：

hive> select count(distinct(uid)) from sogou.sogou_ext_20111230;

```
Total MapReduce CPU Time Spent: 50 seconds 90 msec
OK
1352664
Time taken: 94.977 seconds, Fetched: 1 row(s)
```

5.2.4 数据分析需求（2）：关键词分析

查询关键词平均长度统计，HiveQL 脚本程序设计如下：

hive> select avg(a.cnt) from (select size(split(keyword,' s+')) as cnt from sogou.sogou_ext_20111230) a;

```
Total MapReduce CPU Time Spent: 34 seconds 190 msec
OK
1.0012018
Time taken: 61.685 seconds, Fetched: 1 row(s)
```

查询频度排名（将搜索关键词频度最高的前 50 词列出）程序设计如下：

```
hive> select keyword,count(*) as cnt from sogou.sogou_ext_20111230 group by keyword order by cnt desc limit 50;
```

```
Total MapReduce CPU Time Spent: 1 minutes 15 seconds 130 msec
OK
百度        38441
baidu       18312
4399小游戏    11438
qq空间       10317
优酷        10158
新亮剑       9654
百度一下 你就知道      7505
Time taken: 143.392 seconds, Fetched: 10 row(s)
```

5.2.5 数据分析需求（3）：UID 分析

为了统计 UID 的查询次数分布（查询 1 次的 UID 个数 …… 查询 n 次的 UID 个数），这里我们列出查询 1 次、2 次、3 次和大于 3 次的 UID 个数，HiveQL 脚本程序设计如下所示：

```
hive> select SUM(IF( uids.cnt=1 ,1,0)), SUM(IF(uids.cnt=2,1,0)), SUM(IF(uids.cnt=3,1,0)), SUM(IF(uids.cnt>3,1,0)) from (select uid,count(*) as cnt from sogou.sogou_ext_20111230 group by uid) uids;
```

```
Total MapReduce CPU Time Spent: 1 minutes 38 seconds 130 msec
OK
549148  257163  149562  396791
Time taken: 218.162 seconds, Fetched: 1 row(s)
```

统计 UID 平均查询次数的代码如下：

```
hive> select sum( a.cnt)/count( a.uid) from (select uid, count(*) as cnt from sogou.sogou_ext_20111230 group by uid) a;
```

```
Total MapReduce CPU Time Spent: 1 minutes 0 seconds 150 msec
OK
3.6964094557111005
Time taken: 141.378 seconds, Fetched: 1 row(s)
```

统计查询次数大于 2 次的用户总数的代码如下：

```
hive > select count(a.uid) from (
     > select uid, count(*) as cnt from sogou.sogou_ext_20111230 group by uid having cnt > 2) a;
```

```
Total MapReduce CPU Time Spent: 58 seconds 0 msec
OK
546353
Time taken: 125.511 seconds, Fetched: 1 row(s)
```

统计查询次数大于 2 次的用户占比的代码如下。

A UID 总数如下：

```
hive> select count(distinct (uid)) from sogou.sogou_ext_20111230;
```

```
Total MapReduce CPU Time Spent: 37 seconds 590 msec
OK
1352664
Time taken: 67.374 seconds, Fetched: 1 row(s)
```

B UID 2 次以上的数量如下：

```
select count(a.uid) from (
> select uid,count(*) as cnt from sogou.sogou_ext_20111230 group by uid having cnt > 2) a;
```

```
Total MapReduce CPU Time Spent: 48 seconds 370 msec
OK
546353
Time taken: 91.223 seconds, Fetched: 1 row(s)
```

结果是 C=B/A。

查询次数大于 2 次的数据展示如下：

```
hive > select b.* from
    > (select uid, count(*) as cnt from sogou.sogou_ext_20111230 group by uid having cnt > 2) a
    > join sogou.sogou_ext_20111230 b on a.uid=b.uid
    > limit 50;
```

5.2.6　数据分析需求（4）：用户行为分析

1. 点击次数与 rank 之间的关系分析

rank 在 10 以内的点击次数占比如下：

A
```
hive> select count(*) from sogou.sogou_ext_20111230 where rank < 11;
```

B
```
hive> select count(*) from sogou.sogou_ext_20111230;
```

```
Total MapReduce CPU Time Spent: 11 seconds 160 msec
OK
5000000
Time taken: 38.302 seconds, Fetched: 1 row(s)
```

占比为 A/B。

一般情况下，用户只翻看搜索引擎返回结果的前 10 条结果信息，即返回结果页面的第一页。这个用户行为决定了尽管搜索引擎返回的结果数目十分庞大，但真正可能被绝大部分用户所浏览的只有排在最前面很小的一部分而已。所以，传统的基于整个结果集合查准率和查全率的评价方式，不再适用于网络信息检索的评价。我们需要着重强调在评价指标中有关最靠前结果文档与用户查询需求相关的部分。

2. 直接输入 URL 作为查询词的比例

（1）直接输入 URL 查询的比例：

A
```
hive> select count(*) from sogou.sogou_ext_20111230 where keyword like '%www%';
```

```
Total MapReduce CPU Time Spent: 17 seconds 910 msec
OK
73979
Time taken: 46.992 seconds, Fetched: 1 row(s)
```

B
```
hive> select count(*) from sogou.sogou_ext_20111230;
```

```
Total MapReduce CPU Time Spent: 11 seconds 160 msec
OK
5000000
Time taken: 38.302 seconds, Fetched: 1 row(s)
```

占比为 A/B。

（2）直接输入 URL 的查询中，点击的结果就是用户输入的 URL 的用户点击数所占的比例：

C

```
hive> select SUM(IF(instr(url,keyword)>0, 1,0)) from (select * from sogou.so-
gou_ext_20111230 where keyword like '%www%') a;
```

```
Total MapReduce CPU Time Spent: 18 seconds 820 msec
OK
27561
Time taken: 39.514 seconds, Fetched: 1 row(s)
```

占比为 C/A。

从这个比例可以看出，很大一部分用户提交含有 URL 的查询是由于没有记全网址而想借助搜索引擎来找到自己想浏览的网页，因此搜索引擎在处理这部分查询的时候，一个比较理想的方式是首先把相关的完整 URL 地址返回给用户，这样有较大可能符合用户的查询需求。

3. 独立用户行为分析

（1）查询搜索过"仙剑奇侠传"的用户，并且搜索次数大于 3 次的用户 UID：

```
hive> select uid, count(*) as cnt from sogou.sogou_ext_20111230 where key-
word=' 仙剑奇侠传 ' group by uid having cnt > 3
```

```
Total MapReduce CPU Time Spent: 24 seconds 670 msec
OK
653d48aa356d5111ac0e59f9fe736429        6
e11c6273e337c1d1032229f1b2321a75        5
Time taken: 60.396 seconds, Fetched: 2 row(s)
```

（2）查找 uid 是 653d48aa356d5111ac0e59f9fe736429 和 e11c6273e337c1d1032229f1b2321a75 的相关搜索记录：

```
hive> select * from sogou.sogou_ext_20111230 where uid='653d48aa356d-
5111ac0e59f9fe736429' and keyword like '%仙剑奇侠传%'
hive> select * from sogou.sogou_ext_20111230 where uid='e11c6273e337c1d-
1032229f1b2321a75' and keyword li ke '%仙剑奇侠传%'
```

5.3 Sqoop 应用与开发

在实际开发中我们经常会碰到这样一种需求，即大数据平台处理完的数据需要导入关系型数据库，反之关系型数据库中的数据也需要导入大数据平台，为此大数据平台为我们提供了 Sqoop 工具来解决这一需求。

5.3.1 Sqoop 简介

Sqoop 是 Apache 开源的顶级项目之一，用于在 ApacheHadoop 和关系型数据库等结构化数据存储之间高效传输大容量数据的工具。也就是说，Sqoop 是一款类 ETL 工具，主要负责将大数据平台处理完的结果数据导入关系型数据库中，或者将关系型数据库中的数据导入大数据平台。

5.3.2 Sqoop 安装部署

1. 安装条件

在安装 Sqoop 之前，需要安装并启动 Hadoop。Hadoop 正常启动的验证过程如下：

（1）使用如下的命令，查看可否正常显示 HDFS 上的目录列表。

```
Hadoop fs -ls hdfs://master:9000/
```

```
drwxr-xr-x   - xdl supergroup          0 2019-09-11 02:45 hdfs://master:9000/scott
drwxr-xr-x   - xdl supergroup          0 2019-09-11 08:21 hdfs://master:9000/sogou
drwx-wx-wx   - xdl supergroup          0 2019-09-11 02:51 hdfs://master:9000/tmp
drwxr-xr-x   - xdl supergroup          0 2019-09-17 02:52 hdfs://master:9000/weixin
-rw-r--r--   2 xdl supergroup      26342 2019-09-17 03:08 hdfs://master:9000/zookeeper.out
```

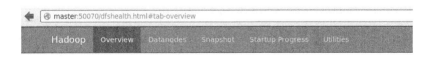

（2）使用浏览器查看响应的界面，如图 5-1 所示。

```
http://master:50070
```

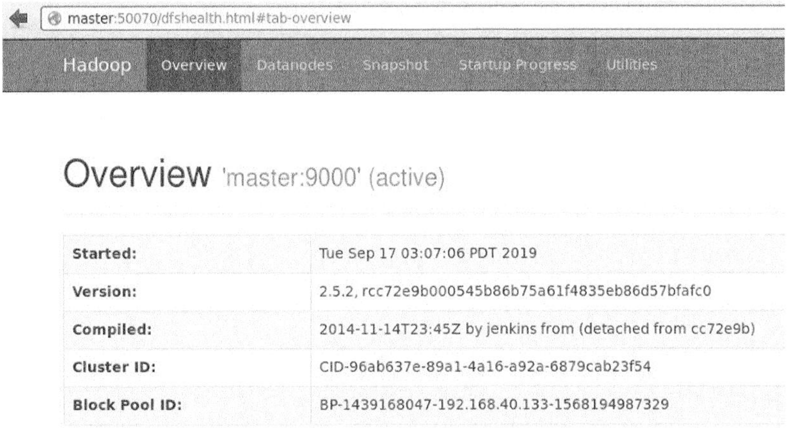

图 5-1

以上的验证通过，则表明 Sqoop 的安装条件已经具备，如图 5-2 所示。

```
http://master:18088
```

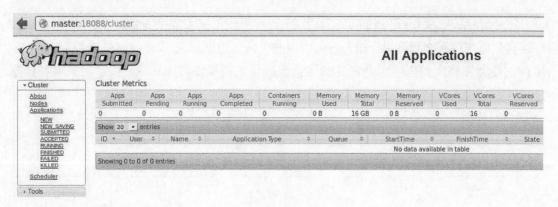

图 5-2

2. 解压安装

将安装包复制到 /home/xdl/ 目录下解压安装，操作命令如下所示：

```
[xdl@master ~]$ tar -zxvf sqoop-1.4.5.bin__hadoop-2.0.4-alpha.tar.gz
[xdl@master ~]$ cd sqoop-1.4.5.bin__hadoop-2.0.4-alpha
[xdl@master sqoop-1.4.5.bin__hadoop-2.0.4-alpha]$ ls
```

```
[xdl@master sqoop-1.4.5.bin__hadoop-2.0.4-alpha]$ ls
bin            conf       lib           README.txt       sqoop-test-1.4.5.jar   weibo.java
build.xml      docs       LICENSE.txt   sogou500w.java   src
CHANGELOG.txt  ivy        NOTICE.txt    spider.java      testdata
COMPILING.txt  ivy.xml    pom-old.xml   sqoop-1.4.5.jar  uid_cnt.java
```

3. 配置 Sqoop

Sqoop 可以和多种关系型数据库进行连接，例如 MySQL、Oracle、DB2 等，通过简单的配置就可以快速完成连接。下面我们就来实现 Sqoop 与 MySQL 数据库的连接配置。

（1）配置 MySQL 连接器

Sqoop 底层通过 JDBC 的方式访问 MySQL 数据库，所以需要把 MySQL 数据库的驱动程序复制到 Sqoop 的依赖包中，操作命令如下：

```
[xdl@master ~]$ cd sqoop-1.4.5.bin__hadoop-2.0.4-alpha/lib/
[xdl@master lib]$ ls
```

```
[xdl@master ~]$ cd sqoop-1.4.5.bin__hadoop-2.0.4-alpha/lib/
[xdl@master lib]$ ls
ant-contrib-1.0b3.jar            commons-io-1.4.jar              paranamer-2.3.jar
ant-eclipse-1.0-jvm1.2.jar       hsqldb-1.8.0.10.jar             snappy-java-1.0.5.jar
avro-1.7.5.jar                   jackson-core-asl-1.9.13.jar     xz-1.0.jar
avro-mapred-1.7.5-hadoop2.jar    jackson-mapper-asl-1.9.13.jar
commons-compress-1.4.1.jar       mysql-connector-java-5.1.28.jar
```

（2）配置环境变量

进入到 Sqoop 的 conf 目录下，找到 sqoop-env-template.sh 文件，重命名为 sqoop-env.sh，打开进行环境变量的配置，操作命令如下所示：

```
[xdl@master ~]$ cd sqoop-1.4.5.bin__hadoop-2.0.4-alpha
[xdl@master sqoop-1.4.5.bin__hadoop-2.0.4-alpha]$ cd conf/
[xdl@master sqoop-1.4.5.bin__hadoop-2.0.4-alpha]$ cp sqoop-env-template.sh sqoop-env.sh
[xdl@master conf]$ vim sqoop-env.sh
export HADOOP_COMMON_HOME=/home/xdl/hadoop-2.5.2
export HADOOP_MAPRED_HOME=/home/xdl/hadoop-2.5.2
export HIVE_HOME=/home/xdl/apache-hive-1.2.1-bin
```

4. 启动并验证 Sqoop

进入 Sqoop 的安装目录，执行如下命令：

```
[xdl@master ~]$ cd sqoop-1.4.5.bin__hadoop-2.0.4-alpha
[xdl@master sqoop-1.4.5.bin__hadoop-2.0.4-alpha]$ bin/sqoop help
```

如果出现如下所示的信息，则证明 Sqoop 已启动并验证成功：

```
19/09/18 03:57:10 INFO sqoop.Sqoop: Running Sqoop version: 1.4.5
usage: sqoop COMMAND [ARGS]

Available commands:
  codegen            Generate code to interact with database records
  create-hive-table  Import a table definition into Hive
  eval               Evaluate a SQL statement and display the results
  export             Export an HDFS directory to a database table
  help               List available commands
  import             Import a table from a database to HDFS
  import-all-tables  Import tables from a database to HDFS
  job                Work with saved jobs
  list-databases     List available databases on a server
  list-tables        List available tables in a database
  merge              Merge results of incremental imports
  metastore          Run a standalone Sqoop metastore
  version            Display version information
```

5.3.3　Sqoop 将 Hive 表中的数据导入 MySQL

1. 实验条件

完成本次实验需要 MySQL 数据库正常启动，以及 Hadoop 集群正常启动。

MySQL 服务启动且运行正常，检测命令如下：

```
[xdl@master ~]$ /etc/init.d/mysqld status
```

```
[xdl@master ~]$ /etc/init.d/mysqld status
mysqld (pid  2076) is running...
```

Hadoop 集群启动且运行正常，检测命令如下：

```
[xdl@master ~]$ jps
```

```
[lgr@master ~]$ jps
8668 RunJar
8311 ResourceManager
8163 SecondaryNameNode
7958 NameNode
12863 RunJar
14249 Jps
```

2. 构建 MySQL 数据库中的表

以下操作都是在 MySQL 交互客户端执行。

（1）登录 MySQL

登录 MySQL 的命令如下：

```
mysql -uhadoop -phadoop
```

（2）创建数据库

查看 test 数据库是否存在的命令如下：

```
mysql> show databases;
```

如果不存在就创建，命令如下：

```
mysql> create database test;
```

（3）创建表

使用如下命令创建表 uid_cnt：

```
mysql> CREATE TABLE test.uid_cnt ( uid varchar(255) DEFAULT NULL, cnt int(11) DEFAULT NULL );
```

（4）查看表

使用如下命令查看表 uid_cnt：

```
mysql>use test
mysql> desc test.uid_cnt;
```

通过以上操作命令，我们创建了一个数据库 test，并在其中创建了一个表 uid_cnt。下面我们就可以将 Hive 表中的数据通过 Sqoop 工具导入表 test.uid_cnt 中。

3. 构建 Hive 数据仓库中的表

以下操作都是在 Hive 客户端中完成的。

（1）进入 Hive 客户端

使用如下命令进入 Hive 客户端：

```
[xdl@master ~]$ hive
```

（2）创建 Hive 中的表 sogou.sogou_uid_cnt，操作命令如下所示：

```
hive>create table sogou.sogou_uid_cnt(uid string, cnt int) row format delimited fields terminated by '\t'
```

（3）向表中写入数据

统计用户搜索的频率，输出用户的 uid 和其搜索的总次数，HiveQL 脚本如下所示：

```
hive> insert into table sogou.sogou_uid_cnt select uid,count(*) from sogou_500w group by uid;
hive> select * from sogou_uid_cnt limit 10;
```

```
hive> select * from sogou_uid_cnt limit 10;
OK
00005c113b97c0977c768c13a6ffbb95    2
000080fd3eaf6b381e33868ec6459c49    6
0000c2d1c4375c8a827bff5dab0cc0a6    10
0000d08ab20f78881a2ada2528671c58    9
0000e7482034da216ce878a9f16feb49    5
0001520a31ed091fa857050a5df35554    1
0001824d091de069b4e5611aad47463d    1
0001894c9f9de37ef9c90b6e5a456767    2
0001b04bf9473458af40acb4c13f1476    1
0001f5bacf60b0ff8c1c9e66e4905c1f    2
Time taken: 0.064 seconds, Fetched: 10 row(s)
```

4. 使用 Sqoop 工具将 Hive 的数据导入 MySQL

（1）进入 Sqoop 安装主目录的命令如下：

```
[xdl@master ~]$ cd sqoop-1.4.5.bin__hadoop-2.0.4-alpha
```

（2）导入命令如下：

```
[xdl@master sqoop-1.4.5.bin__hadoop-2.0.4-alpha]$ bin/sqoop export --connect jdbc:mysql://master:3306/test --username hadoop --password hadoop --table uid_cnt --export-dir 'hdfs://master:9000/user/hive/warehouse/sogou.db/sogou_uid_cnt' --fields-terminated-by '\t';
```

（3）以上命令的解释如下：

bin/sqoop export 表示数据从 Hive 复制到 MySQL 数据库中；--connect jdbc:mysql://master:3306/test 表示连接 MySQL 数据库 test；--username hadoop 表示连接 MySQL 数据库的用户名；--password hadoop 表示连接 MySQL 数据库的密码；--table uid_cnt 表示 MySQL 中的表即将被导入的表名称；--export-dir '/user/hive/warehouse/sogou.db/uid_cnt' 表示 Hive 中被导出的文件路径；--fields-terminated-by '\t' 表示 Hive 中被导出的文件字段的分隔符。

（4）以上命令成功运行之后会在控制台打印输出如下结果：

```
INFO mapreduce.ExportJobBase: Transferred 45.258 MB in 63.168 seconds (733.6669 KB/sec)
INFO mapreduce.ExportJobBase: Exported 1352664 records
```

本次使用 Sqoop 工具一共向 MySQL 数据库中导入了 1352664 条记录信息。

（5）最后，验证结果数据。

登录 MySQL 数据库，查询库 test 的表 uid_cnt 中是否已经有了数据，如果有数据，说明 Sqoop 工具将 Hive 中的数据成功导入了 MySQL。

```
mysql> select * from test.uid_cnt limit 10;
```

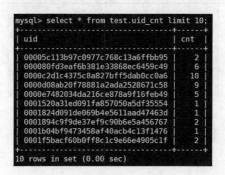

```
mysql> select count(*) from test.uid_cnt;
```

```
mysql> select count(*) from test.uid_cnt;
+----------+
| count(*) |
+----------+
|  1352664 |
+----------+
1 row in set (0.00 sec)
```

5. 使用 Sqoop 工具将 MySQL 中的数据导入 Hive 表

前面我们成功地将 Hive 表 sogou_uid_cnt 中的数据导入 MySQL 数据库的 uid_cnt 表，反之，我们再利用 Sqoop 工具将表 uid_cnt 中的数据导入表 sogou_uid_cnt2 中，具体的实现步骤如下所示。

（1）首先，在 Hive 中创建表 sogou_uid_cnt2，操作命令如下所示：

```
hive> create table sogou.sogou_uid_cnt2(uid string,cnt int) row format delim-
ited fields terminated by '\t';
hive> describe sogou_uid_cnt2;
```

```
hive> describe sogou_uid_cnt2;
OK
uid                     string
cnt                     int
Time taken: 0.092 seconds, Fetched: 2 row(s)
```

（2）然后，我们就可以使用 Sqoop 工具将 MySQL 中表 uid_cnt 的数据导入 Hive 的表 sogou_uid_cnt，操作命令如下所示：

```
[xdl@master sqoop-1.4.5.bin__hadoop-2.0.4-alpha]$ bin/sqoop import --connect jdbc:
mysql://master:3306/test --username hadoop --password hadoop --table uid_cnt --target-
dir /user/hive/warehouse/sogou.db/sogou_uid_cnt2 --fields-terminated-by '\t' -m 1
```

（3）以上操作命令成功运行之后，会在控制台打印输出如下内容：

```
INFO mapreduce.ImportJobBase: Transferred 45.2491 MB in 27.9356 seconds
(1.6198 MB/sec)
    INFO mapreduce.ImportJobBase: Retrieved 1352664 records.
```

从以上打印的日志信息中我们看到，有 1352664 条信息从 MySQL 数据库导入了 Hive 中。

（4）进入 Hive 进行验证的命令如下：

```
hive> select * from sogou_uid_cnt2 limit 10;
```

```
hive> select * from sogou_uid_cnt2 limit 10;
OK
00005c113b97c0977c768c13a6ffbb95        2
000080fd3eaf6b381e33868ec6459c49        6
0000c2d1c4375c8a827bff5dab0cc0a6        10
0000d08ab20f78881a2ada2528671c58        9
0000e7482034da216ce878a9f16feb49        5
0001520a31ed091fa857050a5df35554        1
0001824d091de069b4e5611aad47463d        1
0001894c9f9de37ef9c90b6e5a456767        2
0001b04bf9473458af40acb4c13f1476        1
0001f5bacf60b0ff8c1c9e66e4905c1f        2
Time taken: 0.075 seconds, Fetched: 10 row(s)
```

通过执行以上命令，我们发现在 Hive 中新创建的表 sogou_uid_cnt2 中已经有了使用 Sqoop 从 MySQL 中导入进来的数据。

至此，我们使用 Sqoop 工具完成了 Hive 与 MySQL 之间的数据导入和导出，由此成功验证，Sqoop 是在 Apache Hadoop 和关系型数据库之间传输大容量数据的高效工具。

5.4　本章总结

本章主要介绍了 Hive 的内置函数、搜索引擎日志数据的复杂分析，以及 Sqoop 工具的应用开发。其中，Hive 的内置函数有上百种，本章重点介绍了在实际开发中常用的数学函数、字符串函数以及日期函数应用案例。通过搜索引擎日志数据的分析案例，我们尝试了 HiveQL 复杂查询的应用，体验了真实数据查询分析的过程。最后，通过学习 Sqoop 工具的使用，在 Hive 大数据平台和关系型数据库之间建立了数据交互和传输的桥梁。

5.5　本章习题

1. 掌握 Hive 常见数学函数、字符串函数及日期函数的应用开发。

2. 将日志数据分析案例在本地集群上实践完成。

3. 在本地集群上利用 Sqoop 工具在 Hive 和 MySQL 之间实现数据的导入和导出。

第 06 章

Hive 数据库对象与用户自定义函数

本章要点
- Hive 视图
- Hive 分桶表
- 用户自定义函数（UDF）
- 用户自定义聚合函数（UDAF）

本章即将介绍的主要内容有 Hive 视图、Hive 分桶表、Hive 用户自定义函数（UDF）和用户自定义聚合函数（UDAF）。掌握这些工具，当我们在实际开发中遇到一些特殊的用户需求时，会有很大的帮助。

6.1 Hive 视图

Hive 中的视图和关系型数据库中视图在概念上是一致的，都是一组数据的逻辑表示，享用基本原始表的数据而不会另生成一份数据，是纯粹的逻辑对象。本质上，视图是一条 SQL 语句的集合，但该条 SQL 不会立即执行，我们称其为逻辑视图，它没有关联的实际存储。当有查询需要引用视图时，Hive 才真正开始将查询中的过滤器推送到视图中去执行。

6.1.1 创建视图

在 Hive 中使用 create view 命令创建视图，需要注意的是，创建的视图名字不能与 Hive 中已存在的表名和视图名相同，否则会抛出异常，所以我们创建的时候可以加上 if not exists 命令。

在 Hive 中创建视图的语法如下：

```
create view [if not exists] db_name.view_name as select [column_name…] from table_name where…
```

视图是只读型的，不能对视图执行插入数据、删除数据、修改数据结构等操作。视图一旦创建就是固定的，对基础表的更新操作将不会反应在视图上，删除基础表也不会自动删除视图，若要删除视图，需要手动执行删除命令。

我们创建一个视图，其内容包含表 sogou_500w 中关键词不为空的前 1000 条数据信息，操作命令如下所示：

```
hive> create view sogou_view as select * from sogou_500w where keyword is not null limit 1000;
```

查询视图中前 10 条数据，操作命令如下：

```
hive> select * from sogou_view limit 10;
```

6.1.2 查看视图

（1）查看所有视图和表的命令如下所示：

```
hive> show tables;
```

（2）查看某个视图的命令如下所示：

```
hive> desc sogou_view;
```

```
hive> desc sogou_view;
OK
ts                      string
uid                     string
keyword                 string
rank                    int
orders                  int
url                     string
Time taken: 0.072 seconds, Fetched: 6 row(s)
```

（3）查看某个视图详细信息的命令如下所示：

```
hive> desc formatted sogou_view;
```

```
# Detailed Table Information
Database:               sogou
Owner:                  xdl
CreateTime:             Fri Sep 20 01:26:28 PDT 2019
LastAccessTime:         UNKNOWN
Protect Mode:           None
Retention:              0
Table Type:             VIRTUAL_VIEW
Table Parameters:
        transient_lastDdlTime   1568967988

# Storage Information
SerDe Library:          null
InputFormat:            org.apache.hadoop.mapred.SequenceFileInputFormat
OutputFormat:           org.apache.hadoop.hive.ql.io.HiveSequenceFileOutputFormat
Compressed:             No
Num Buckets:            -1
Bucket Columns:         []
Sort Columns:           []

# View Information
View Original Text:     select * from sogou_500w where keyword is not null limit 100
View Expanded Text:     select `sogou_500w`.`ts`, `sogou_500w`.`uid`, `sogou_500w`.`keyword`, `sogou_500w`.`ran
k`, `sogou_500w`.`orders`, `sogou_500w`.`url` from `sogou`.`sogou_500w` where `sogou_500w`.`keyword` is not nul
l limit 100
Time taken: 0.073 seconds, Fetched: 32 row(s)
```

6.1.3 视图应用实战

在本小节，我们尝试在搜索引擎日志数据中，统计出 rank<3（即用户点击排名小于 3）但搜索次数大于 2 的用户。要解决这个问题，首先要统计出 rank<3 的所有用户记录，然后这些记录数据中筛选出有多少用户的搜索次数大于 2。为此，我们可以采用视图来完成这个需求。

创建统计 rank<3 的用户记录的视图，操作命令如下所示：

```
hive> create view sogou_rank_view as select * from sogou_500w where rank < 3;
hive> desc sogou_rank_view;
```

统计搜索次数大于 2 的用户记录，操作命令如下所示：

select uid,count(*) as cnt from sogou_rank_view group by uid having cnt>2;

6.1.4 删除视图

删除视图的语法格式如下所示：

drop view [if exists] [db_name.]view_name;

删除视图 sogou_view，操作命令如下所示：

hive> drop view if exists sogou.sogou_view

6.2 Hive 分桶表

首先，我们要明白什么是 Hive 分桶表。分桶表是相对于分区表来说的，分区表在前面的章节中已经介绍过，它属于一种粗粒度的划分，而分桶表是对数据进行更细粒度的划分。分桶表将整个数据内容按照某列属性值的哈希值进行区分，例如按照用户 ID 属性分为 3 个桶，就是对用户 ID 属性值的哈希值对 3 取模运算，按照取模结果对数据分桶。所以，分桶的规则就是对分桶字段值进行取哈希值，然后用该哈希值除以桶的个数取余数，余数决定了该条记录将会被分在哪个桶中。余数相同的记录会分在同一个桶中。需要注意的是，在物理结构上一个桶对应一个文件，而分区表的分区只是一个目录，至于目录下有多少数据是不确定的。

6.2.1 创建表

通过 clustered by(字段名) into bucket_num buckets 分桶，意思是根据字段名分成多个桶，操作命令如下所示：

```
hive> create table sogou_bucket(uid string, keyword string) comment 'test' clustered by(uid) into 5 buckets row format delimited fields terminated by '\t';
hive> show tables;
```

以上我们完成了桶表 sogou_bucket 的创建，注意，我们指定了 5 个桶。

6.2.2 插入数据

必须使用启动 MapReduce 作业的方式才能把文件顺利分桶，若使用 load data local inpath 这种方式加载数据，即使设置了强制分桶，也不起作用。注意，插入数据之前，需要设置属性 hive.enforce.bucketing=true，其含义是数据分桶是否被强制执行，默认为 false，如果开启，则写入 table 数据时会启动分桶。所以必须要将该属性的值设置为 true。插入数据的命令如下所示：

```
hive> set hive.enforce.bucketing=true;
hive> insert overwrite table sogou_bucket select uid, keyword from sogou_500w limit 10000;
hive> select * from sogou_bucket limit 10;
```

我们知道分桶表是相对于分区表来说的，分桶表在物理结构上一个桶对应一个文件，而分区表一个分区对应一个目录。下面我们来查看一下分桶表 sogou_bucket 在 HDFS 文件系统上产生了几个文件，操作命令如下：

```
[xdl@master bin]$ hadoop fs -ls /user/hive/warehouse/sogou.db
```

```
Found 3 items
-rwxr-xr-x   2 xdl supergroup  125915701 2019-09-24 02:24 /user/hive/warehouse/sogou.db/sogou_bucket/0
00000_0
-rwxr-xr-x   2 xdl supergroup  125826051 2019-09-24 02:24 /user/hive/warehouse/sogou.db/sogou_bucket/0
00001_0
-rwxr-xr-x   2 xdl supergroup   17244603 2019-09-24 02:24 /user/hive/warehouse/sogou.db/sogou_bucket/0
00002_0
```

```
http://master:50070/explorer.html#/user/hive/warehouse/sogou.db/sogou_bucket
```

如图 6-1 所示，刚写入分桶表 sogou_bucket 的数据产生了 3 个桶，即 3 个文件。

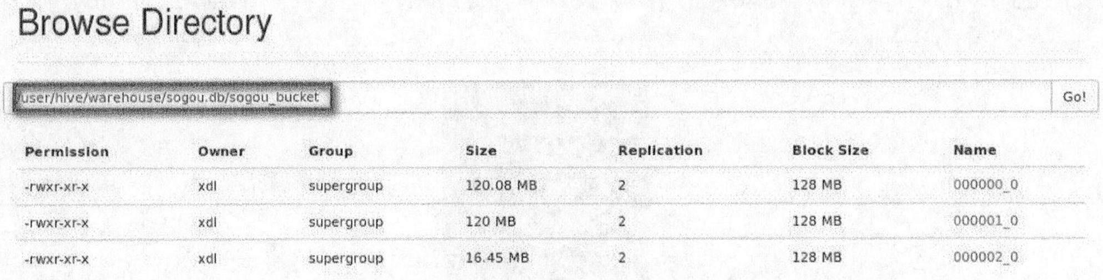

Browse Directory

/user/hive/warehouse/sogou.db/sogou_bucket Go!

Permission	Owner	Group	Size	Replication	Block Size	Name
-rwxr-xr-x	xdl	supergroup	120.08 MB	2	128 MB	000000_0
-rwxr-xr-x	xdl	supergroup	120 MB	2	128 MB	000001_0
-rwxr-xr-x	xdl	supergroup	16.45 MB	2	128 MB	000002_0

图 6-1

6.3 Hive 用户自定义函数

6.3.1 用户自定义函数简介

通过学习上一章的 Hive 内置函数，我们了解到 Hive 提供了大量的内置函数，HiveQL 使用内置函数可以满足日常开发中所涉及的常见开发需求。但对于任何一个系统而言，都不可能将实际用户的所有需求都事先考虑周全。Hive 也是一样，对于一些特殊的用户需求，Hive 已提供的内置函数是满足不了的，因此一个系统的开放性就显得尤为重要了。也就是说，虽然系统不能事先考虑到所有可能的用户需求，但却可以提供一个开放的接口，允许开发人员根据个性化的需求来自定义特殊功能函数的实现，这就是这一小节中将要介绍的 Hive 用户自定义函数。

用户自定义函数（User Defined Function，UDF）是一个允许用户扩展 HiveQL 的强大的功能。一旦将 UDF 加入到用户会话中（交互式的或者通过脚本执行的），它们将和内置函数一样，甚至可以提供联机帮助。Hive 具有多种类型的 UDF，每一种都会针对输入数据执行特定的转换过程。

需要注意的是，在 Hive 中通常使用“UDF”来表示任意的函数，包括用户自定义的或者内置的。另外，Hive 内置函数，本质上也是 UDF，因为 Hive 本身也是一个用户。

show functions 命令可以列举出当前 Hive 会话中所加载的所有函数名称，其中包括内置函数和用户加载进来的函数，操作命令如下所示：

```
hive> show functions;
```

如上所示，我们列出了部分 Hive 内置函数，也就是说 Hive 已经为我们提供了许多通用的函数了。

函数通常都有其自身的使用文档。使用 describe function 命令可以展示对应函数的简介，操作命令如下所示：

```
hive> describe function hash;
```

```
hive> describe function hash;
OK
hash(a1, a2, ...) - Returns a hash value of the arguments
Time taken: 0.018 seconds, Fetched: 1 row(s)
```

6.3.2 UDF 应用开发

UDF 可以直接应用于 select 语句，对查询结果进行格式化处理后，再输出内容。也就是说，使用 UDF 和使用 Hive 内置函数的方式是一样的。

在编写 UDF 的时候需要注意：首先，UDF 需要继承 org.apache.hadoop.hive.ql.UDF；其次，需要实现 evaluate 函数，该函数支持重载。

下面我们来写一个 UDF，代码如下所示：

```
package com.xdl.udf;
import org.apache.hadoop.hive.ql.exec.UDF;
```

```java
public class UDFDemo extends UDF{
    //evaluate函数重载
    public String evaluate(String str){
        try {
            return "HelloWord"+str;
        } catch (Exception e) {
            return null;
        }
    }
    //evaluate函数重载
    public int evaluate(int a, int b){
        return a/b;
    }
    //evaluate函数重载
    public double evaluate(double a){
        return 2*a;
    }
}
```

（1）将 UDFDemo.java 应用程序打包，即在 Eclipse 中将 UDFDemo.java 程序打包为 udf.jar。

（2）进入 hive 客户端，添加 jar 包：

```
hive>add jar udf.jar
```

```
hive> add jar udf.jar;
Added [udf.jar] to class path
Added resources: [udf.jar]
```

（3）创建临时函数（相当于为 Java 的类名 UDFDemo 起一个别名），语法格式为 create temporary function helloword as '包名.类名'：

```
hive> create temporary function helloworld as 'com.xdl.udf.UDFDemo';
hive> show functions;
```

如上所示，UDF 函数 helloworld 被列在了会话当中，使用它跟使用 Hive 内置函数的方式是一样的。

（4）查询 HQL 语句：

```
hive> select helloworld(keyword) from sogou_500w limit 10;

hive> select keyword, rank, helloworld(rank) from sogou_500w limit 10;
```

（5）销毁临时函数的代码如下：

```
hive> drop temporary function helloworld;
```

6.4 Hive 用户自定义聚合函数

6.4.1 用户自定义聚合函数简介

UDAF（User Defined Aggregate Function）即用户自定义聚合函数。普通函数一般是接受一行输入，产生一个输出，而聚合函数是接受一组输入（即多行输入），然后产生一个输出。例如 count 函数就是一个聚合函数，因为它接受多行输入，然后产生一个输出总行数；再看 substr 函数，它接受一行输入，然后对这一行中的字符串进行处理再输出一个新字符串。所以，count 函数属于聚合函数，而 substr 函数属于普通函数。

Hive 中也提供了很多聚合函数可供开发人员直接拿来使用，但正如前面所介绍的，对于有些特殊的聚合需求，现有的 Hive 聚合函数还不能满足，这时候就需要开发人员来自定义聚合函数的开发工作了。当然，我们知道 Hive 为开发者提供了 UDAF 的实现接口，下面我们通过案例来进行说明。

6.4.2 UDAF 应用开发

（1）UDAF 的用法

使用 UDAF 必须要继承 org.apache.hadoop.hive.ql.exec.UDAF 类和实现 org.apache.hadoop.hive.ql.exec.UDAFEvaluator 接口，其中函数类需要继承 UDAF 类，内部类需

要实现 UDAFEvaluator 接口。

内部类实现 UDAFEvaluator 接口，需要实现 init、iterate、terminatePartial、merge、terminate 等函数。下面我们简单地对这些函数的含义进行简要的介绍。

init 函数实现 UDAFEvaluator 接口的 init 函数，主要用于初始化。

iterate 接受传入的参数，并进行内部的轮转，其返回类型为 boolean。

terminatePartial 函数没有形参，其为 iterate 函数轮转结束后，返回轮转数据。

merge 接受 terminatePartial 函数的返回结果，并进行 merge 更新操作，其返回值类型为 boolean。

terminate 函数返回最终的聚集函数结果。

（2）UDAF 实现 avg 求平均值函数

```
package hive.udaf;
import org.apache.hadoop.hive.ql.exec.UDAF;
import org.apache.hadoop.hive.ql.exec.UDAFEvaluator;
public class Avg extends UDAF{
   /**定义求平均值对象，需要知道总和数mSum和总个数mCount**/
   public static class AvgState{
       private long mCount;
       private double mSum;
   }
   /**内部类用以实现求平均值的各函数**/
   public static class AvgEvaluator implements UDAFEvaluator{
       private AvgState state;
       public AvgEvaluator(){
           super();
           state = new AvgState();
           init();
       }
       /** init 函数类似于构造函数，用于 UDAF 的初始化 */
       @Override
       public void init() {
           state.mCount = 0;
           state.mSum = 0;
       }
       /**iterate 接收传入的参数，并进行内部的轮转。其返回类型为 boolean **/
       public boolean iterate(Double o){
```

```
            if(o!=null){
                state.mSum+=o;
                state.mCount++;
            }
            return true;
        }
        /** terminatePartial 无参数，其为 iterate 函数轮转结束后，返回轮转数据
         * terminatePartial 类似于 Hadoop 的 Combiner
         * **/
        public AvgState terminatePartial(){
            return state.mCount==0?null:state;
        }
         /** merge 接收 terminatePartial 的返回结果，进行数据 merge 操作，其返回类型为 boolean**/
        public boolean merge(AvgState o){
            if(o!=null){
                state.mSum+=o.mSum;
                state.mCount+=o.mCount;
            }
            return true;
        }
        public Double terminate(){
              return state.mCount==0?null:Double.valueOf(state.mSum/state.mCount);
        }
    }
}
```

（3）打 JAR 包

将 Avg.java 应用程序在 Eclipse 中打包为 UDAFAvg.jar。

（4）进入 Hive 客户端添加 jar 包

```
hive> add jar UDAFAvg.jar;
```

```
hive> add jar UDAFAvg.jar;
Added [UDAFAvg.jar] to class path
Added resources: [UDAFAvg.jar]
```

（5）创建临时函数

```
hive> create temporary function my_avg as 'com.xdl.udaf.Avg';
hive> show functions;
```

（6）查询语句

```
hive> select my_avg(sal) from emp;
```

```
Total MapReduce CPU Time Spent: 4 seconds 450 msec
OK
4600.0
Time taken: 39.715 seconds, Fetched: 1 row(s)
```

（7）销毁临时函数

```
hive> drop temporary function my_avg;
```

6.5 本章总结

本章重点介绍了 Hive 视图，掌握 Hive 视图后，对于一些复杂的问题可以通过视图来解决，这一点跟关系型数据库中的视图是相似的。其次，本章介绍了 Hive 分桶表，与分区表相比，分桶表是一种更细粒度的数据划分，有益于提高表的连接查询效率和抽样查询效率。最后，本章介绍了用户自定义函数和用户自定义聚合函数，用于解决用户个性化需求功能的实现，这也是展示 Hive 平台开放性和解决问题的丰富途径。

6.6 本章习题

1. 使用 Hive 视图统计上午 7 ~ 9 点之间，搜索过"赶集网"的用户，哪些用户直接点击了赶集网的 URL？

2. 完成本章关于 Hive 分桶表的创建和插入数据的流程。

3. 使用 Hive 用户自定义普通函数实现加、减、乘、除等运算。

4. 使用 Hive 用户自定义聚合函数实现 count 函数的功能。

第 07 章

Azkaban 任务调度器

本章要点
- Azkaban 简介
- Azkaban 安装部署
- Hadoop 作业的设置与书写
- Hive 作业的设置与书写

在大数据项目中,尤其是大数据离线计算领域,一个复杂的业务需求最终会通过几个甚至几十个作业互相配合完成,因此这些作业执行的顺序和彼此之间的依赖关系就需要自动化调配和协调。Azkaban 就是用来解决这个问题的工具。本章主要介绍 Azkaban 的基本概念、安装部署、架构原理、核心组件及功能等。

7.1 Azkaban 简介

Azkaban 是由 LinkedIn 开源的批量工作流任务调度器,用于运行 Hadoop 作业。Azkaban 利用作业之间的依赖关系,调配作业的执行顺序,并且它提供了一个易于使用的 Web 用户界面来维护和跟踪工作流,如图 7-1 所示。

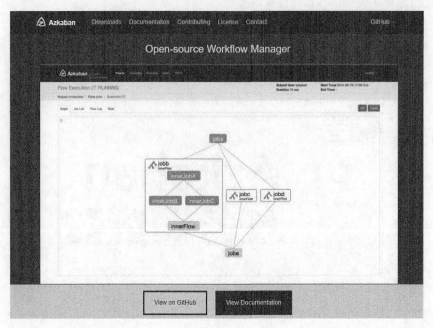

图 7-1

7.1.1　Azkaban 基本原理

一个完整的数据分析系统通常都是由大量任务单元组成的：Shell 脚本程序、Java 程序、MapReduce 程序、Hive 脚本等，各任务单元之间存在时间先后及前后依赖关系。为了组织这样复杂的执行计划，就需要一个工作流调度系统来调度执行。

简单来说，Azkaban 就是一个任务调度器，例如，一个 Shell 脚本大任务可以分为 B、C、D、E 4 个子任务来完成，如图 7-2 所示。

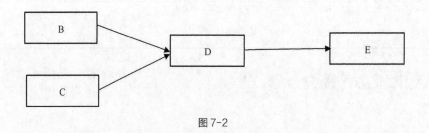

图 7-2

从图 7-2 中可以看到，B 和 C 是可以同时进行的，D 依赖于 B 和 C 的输出，E 又依赖于 D 的输出，于是一般的做法就是开两个终端同时执行 B 和 C，等两个都执行完成之后再执行 D，最后执行 E。这样的话，整个执行过程都需要人工参与，并且得盯着各任务的进度。但在现实环境中，很多任务都是在深夜执行的，需要通过写脚本设置 crontab 执行。其实，整个过程类似于一个有向无环图（DAG），每个子任务相当于大任务中的一个流，任务的起点可以从没有度的节点开始执行，任何没有通路的节点可以同时执行，比如上述的 B 和 C。

总体来看，我们需要的就是一个工作流的调度器，而 Azkaban 就是能解决上述问题的工具。

所以，Azkaban 就是一个开源的任务调度系统，负责任务的调度运行（如数据仓库调度），用以替代 Linux 中执行定时任务的 crontab。

7.1.2　Azkaban 核心组件

Azkaban 是一套简单的任务调度服务，整体包括 3 部分：AzkabanWebServer、DBServer 和 AzkabanExecutorServer，可以用来解决多个 Hadoop（或 Spark 等）离线计算任务之间的依赖关系问题。它比 crontab 更为直观、可靠，同时提供了美观的可视化管理界面，如图 7-3 所示。

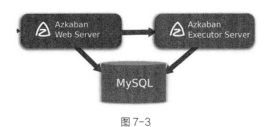

图 7-3

AzkabanWebServer 提供了 WebUI，是 Azkaban 的主要管理者，包括项目的管理、认证、调度以及对工作流执行过程的监控等。

AzkabanExecutorServer，调度工作流和任务，记录工作流或任务的日志。之所以将 AzkabanWebServer 和 AzkabanExecutorServer 分开，主要是因为在某个任务流失败后，可以更方便地将其重新执行，而且也更有利于 Azkaban 系统的升级。

Azkaban 具有如下功能特点。

（1）Web 用户界面。

（2）方便上传工作流。

（3）方便设置任务之间的关系。

（4）工作流调度。

（5）认证 / 授权。

(6)能够杀死并重启工作流。

(7)模块化和可插拔的插件机制。

(8)提供项目工作区。

(9)工作流和任务的日志记录和审计。

关于以上功能特点,我们将在后文一一介绍。

7.2 Azkaban 安装部署

下面我们先学习如何安装 Azkaban。

7.2.1 准备工作

(1)Azkaban Web 服务器 azkaban-web-2.5.0.zip

将 AzkabanWebServer 安装程序准备好,将其放到 /home/ydh/ 目录下:

```
cp /home/ydh/resource/azkaban-web-2.5.0.zip /home/ydh
```

(2)Azkaban 执行服务器 azkaban-executor-2.5.0.zip

将 AzkabanExecutor 安装程序准备好,将其放到 /home/ydh/ 目录下:

```
cp /home/ydh/resource/azkaban-executor-2.5.0.zip /home/ydh
```

(3)MySQL 脚本 azkaban-sql-script-2.5.0.tar.gz

将 MySQL 脚本 azkaban-sql-script-2.5.0.tar.gz 程序准备好,将其放到 /home/ydh/ 目录下:

```
cp /home/ydh/resource/azkaban-sql-script-2.5.0.zip /home/ydh
```

7.2.2 安装 MySQL

MySQL 的安装部署可参考第 2 章 Hive 基础与安装部署的内容。

修改 MySQL 编码的操作命令为 vim /usr/share/mysql/my-default.conf 或者 vim /

etc/my.cnf。

default-character-set=utf8 默认字符集为 utf8。

修改好重启 MySQL 即可。

7.2.3 配置 MySQL

首先创建 MySQL 账户，将用户名设为 azkaban。

```
grant all on *.* to azkaban@'%'  identified by 'azkaban';
grant all on *.* to azkaban@'master'  identified by 'azkaban'
grant all on *.* to azkaban@'localhost'  identified by'azkaban'
flush privileges;
exit
```

以刚创建的用户 azkaban 登录数据库系统，操作命令如下：

```
mysql -uazkaban -pazkaban
```

在 MySQL 数据库系统中创建名为 azkaban 的数据库：

```
mysql>create database azkaban
```

执行初始化 azkaban-sql 脚本，操作命令如下：

```
tar -zxvf azkaban-sql-script-2.5.0.tar.gz
cd /home/ydh/azkaban-2.5.0
ls -l    //查看初始化脚本内容列表，如下所示:
```

```
total 88
-rwxr-xr-x. 1 xdl xdl  129 Apr 21 2014 create.active_executing_flows.sql
-rwxr-xr-x. 1 xdl xdl  216 Apr 21 2014 create.active_sla.sql
-rwxr-xr-x. 1 xdl xdl 4694 Apr 21 2014 create-all-sql-2.5.0.sql
-rwxr-xr-x. 1 xdl xdl  610 Apr 21 2014 create.execution_flows.sql
-rwxr-xr-x. 1 xdl xdl  519 Apr 21 2014 create.execution_jobs.sql
-rwxr-xr-x. 1 xdl xdl  358 Apr 21 2014 create.execution_logs.sql
-rwxr-xr-x. 1 xdl xdl  224 Apr 21 2014 create.project_events.sql
-rwxr-xr-x. 1 xdl xdl  227 Apr 21 2014 create.project_files.sql
-rwxr-xr-x. 1 xdl xdl  280 Apr 21 2014 create.project_flows.sql
-rwxr-xr-x. 1 xdl xdl  285 Apr 21 2014 create.project_permissions.sql
-rwxr-xr-x. 1 xdl xdl  294 Apr 21 2014 create.project_properties.sql
-rwxr-xr-x. 1 xdl xdl  380 Apr 21 2014 create.projects.sql
-rwxr-xr-x. 1 xdl xdl  325 Apr 21 2014 create.project_versions.sql
-rwxr-xr-x. 1 xdl xdl  155 Apr 21 2014 create.properties.sql
-rwxr-xr-x. 1 xdl xdl  498 Apr 21 2014 create.schedules.sql
-rwxr-xr-x. 1 xdl xdl  189 Apr 21 2014 create.triggers.sql
-rwxr-xr-x. 1 xdl xdl   22 Apr 21 2014 database.properties
-rwxr-xr-x. 1 xdl xdl  671 Apr 21 2014 update-all-sql-2.1.sql
-rwxr-xr-x. 1 xdl xdl  156 Apr 21 2014 update-all-sql-2.2.sql
-rwxr-xr-x. 1 xdl xdl  395 Apr 21 2014 update.execution_logs.2.1.sql
-rwxr-xr-x. 1 xdl xdl   59 Apr 21 2014 update.project_properties.2.1.sql
```

我们在 MySQL 中执行 create-all-sql-2.5.0.sql 这一个脚本文件即可，操作命令如下：

```
mysql> use azkaban
mysql> source /home/ydh/azkaban-2.5.0/ create-all-sql-2.5.0.sql
```

7.2.4 配置 AzkabanWebServer

首先解压安装 unzip azkaban-web-2.5.0.zip；然后上传 MySQL 驱动包到 /home/ydh/Azkaban-web-2.5.0/extlib/ 目录下，此时在 /home/ydh/azkaban-web-2.5.0/lib/ 下就有 MySQL 驱动包了；接着配置 Jetty（Jetty 是一个开源的 Servlet 容器。类似于 Tomcat 服务器）。

在 Linux 控制台输入如下命令：

```
keytool -keystore keystore -alias jetty -genkey -keyalg RSA
Enter keystore password: azkaban123//回车，注意这里的密码得记住了，后面会用到。
What is your first and last name?//您的名字与姓氏是什么？
zhang 回车
What is the name of your organizational unit?//您的组织单位名称是什么？
可以任意输入，例如我们在这里输入: education 回车
What is the name of your organization?//您的组织名称是什么？
以任意输入，例如我们在这里输入: computer 回车
What is the name of your City or Locality?//您所在的城市或区域名称是什么？
以任意输入，例如我们在这里输入: beijing 回车
What is the name of your State or Province?//您所在的州或省份名称是什么？
以任意输入，例如我们在这里输入: beijing 回车
What is the two-letter country code for this unit?//该单位的两字母缩写国家代码是什么
以任意输入，例如我们在这里输入: CN 回车
Is CN=jetty.mortbay.org, OU=Jetty, O=Mort Bay Consulting Pty. Ltd.,
L=Unknown, ST=Unknown, C=Unknown correct?//正确吗？
[no]: yes //回车
Enter key password for <jetty>
(RETURN if same as keystore password): azkaban123
注意这里keystore的密码为: azkaban123
```

完成上述步骤以后，将在当前 Linux 目录 /home/ydh 下生成 keystore 证书文件，将 keystore 证书文件复制到 AzkabanWebServer 服务器根目录中即可，操作命令如下：

```
cp /home/ydh/keystore  /home/ydh/azkaban-web-2.5.0
```

最后，修改 AzkabanWebServer 下 conf/azkaban.properties 属性文件。

```
cd /home/ydh/azkaban-web-2.5.0
vim conf/azkaban.properties
azkaban.name=Test                                       #服务器UI名称，用于服务器上方显示的名字
azkaban.label=My Local Azkaban                          #描述标签
azkaban.color=#FF3601                                   #UI颜色
azkaban.default.servlet.path=/index
web.resource.dir=web/                                   #默认根web目录
default.timezone.id=Asia/Shanghai                       #默认时区
user.manager.class=azkaban.user.XmlUserManager          #用户权限管理默认类
user.manager.xml.file=conf/azkaban-users.xml            #用户配置，具体配置参加下文
#Loader for projects
executor.global.properties=conf/global.properties       # global配置文件所在位置
azkaban.project.dir-projects
database.type=mysql                                     #数据库类型
mysql.port=3306                                         #数据库端口号
mysql.host=192.168.20.200                               #数据库连接IP
mysql.database=azkaban                                  #数据库名
mysql.user=azkaban                                      #数据库用户名
mysql.password=azkaban                                  #数据库密码
mysql.numconnections=100                                #设置数据的最大连接数
# Velocity dev mode
velocity.dev.mode=false
# Jetty服务器属性.
jetty.maxThreads=25                                     #最大线程数
jetty.ssl.port=8443                                     #Jetty SSL端口
jetty.port=8081                                         #Jetty端口
jetty.keystore=keystore                                 #SSL文件名
jetty.password=azkaban123                               #SSL文件密码
jetty.keypassword=azkaban123                            #Jetty密码与keystorm文件相同
jetty.truststore=keystore                               #SSL文件名
jetty.trustpassword=azkaban123                          # SSL文件密码
# 执行服务器属性
executor.port=12321                                     #执行服务器端口
```

AzkabanWebServer 其内部是通过 Jetty 服务器来实现的，所以我们只需要将相关

的配置属性设置好就可以了。

7.2.5 启动 AzkabanWebServer 服务器

启动 AzkabanWebServer 服务器，进入 azkaban-web-2.5.0 目录，操作命令如下：

```
cd /home/ydh/azkaban-web-2.5.0
bin/azkaban-web-start.sh
```

注意，一定是在 azkaban-web-2.5.0 的根目录下执行。如下所示，AzkabanWebServer 的进程已出现，则表示 AzkabanWebServer 启动成功。

```
[zkpk@master azkaban-web-2.5.0]$ jps
2595 Jps
2571 AzkabanWebServer
[zkpk@master azkaban-web-2.5.0]$ bin/azkaban-web-start.sh ./
```

7.2.6 配置 AzkabanExecutorServer

解压安装 unzip /home/zkpk/ azkaban-executor-2.5.0.zip，然后进入 azkaban-executor-2.5.0/conf 目录，配置 azkaban.properties。

```
cd /home/ydh/azkaban-executor-2.5.0
vim conf/azkaban.properties
default.timezone.id=America/Los_Angeles    #时区
# Azkaban JobTypes Plugins 插件配置
azkaban.jobtype.plugin.dir=plugins/jobtypes
#Loader for projects
executor.global.properties=conf/global.properties
azkaban.project.dir=projects
database.type=mysql            #数据库类型（目前只支持MySQL数据库）
mysql.port=3306
mysql.host=master              #主机名或者IP地址
mysql.database=azkaban
mysql.user=azkaban
mysql.password=azkaban
mysql.numconnections=100       #数据库最大连接数
```

```
# Azkaban Executor settings
executor.maxThreads=50
executor.port=12321
executor.flow.threads=30
```

进入 AzkabanWebServer 服务器的 /home/xdl/azkaban-web-2.5.0/conf 目录修改 azkaban-users.xml 文件，在其中配置登录 AzkabanWebServer 的用户名（admin）、密码（admin）和角色（admin,metrics）。

```
vim azkaban-users.xml
<azkaban-users>
    <user username="azkaban" password="azkaban" roles="admin" groups="azkaban" />
    <user username="metrics" password="metrics" roles="metrics"/>
    <user username="admin" password="admin" roles="admin,metrics" />
    <role name="admin" permissions="ADMIN" />
    <role name="metrics" permissions="METRICS"/>
</azkaban-users>
```

7.2.7 启动 AzkabanExecutorServer 执行服务器

进入 azkaban-executor-2.5.0 目录，执行如下命令来启动执行服务器：

```
cd /home/ydh/azkaban-executor-2.5.0
bin/azkaban-executor-start.sh    //注意：只能在执行服务器的根目录下执行
```

在控制台通过 jps 命令查看执行服务器的启动进程，出现 Azkaban EexecutorServer 则表示启动成功，如下所示：

```
[zkpk@master ~]$ jps
3070 Jps
2689 AzkabanExecutorServer
2571 AzkabanWebServer
```

7.2.8 登录访问 WebServer 并创建工作流调度项目

此时，我们就可以登录访问 AzkabanWebServer 了，在其中创建工作流调度项目。

在浏览器中输入 https://master:8443，由于 Azkaban 采用的是 HTTPS 协议，所以本次请求被判定为不可靠的请求，如图 7-4 所示。

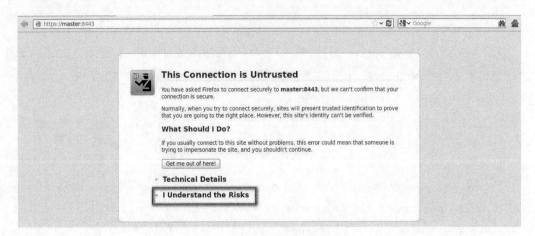

图 7-4

我们选择"I Understand the Risks"，信任本次请求，如图 7-5 所示。

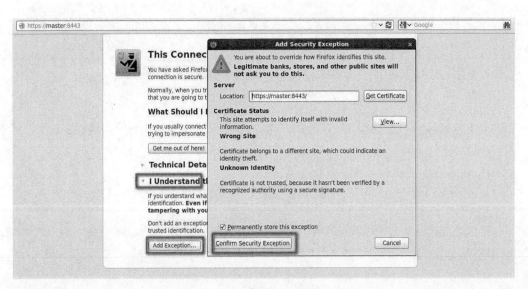

图 7-5

之后，我们就会看到 AzkabanWebServer 的登录界面了，如图 7-6 所示。

输入刚才在 AzkabanWebServer 中 azkaban-web-2.5.0/conf/azkaban-users.xml 配置的用户名和密码：

username:**admin**

password:**admin**

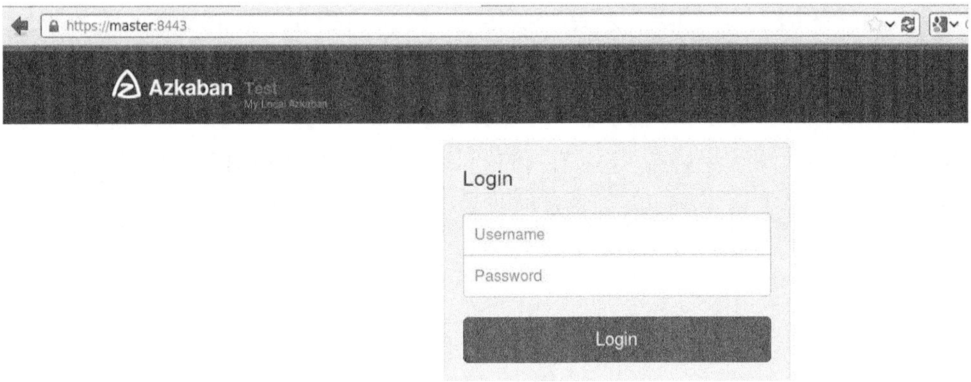

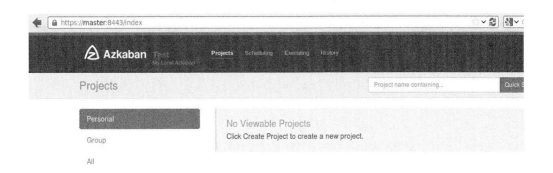

图 7-6

点击 Login 按钮，就可以登录 AzkabanWebServer 主操作界面了，如图 7-7 所示。

图 7-7

保证完成上述的所有操作，Azkaban 就算完全安装成功了。在下一小节，我们就来介绍使用 Azkaban 进行工作流调度。

7.3　Hadoop 作业的设置与书写

接下来就以大家非常熟悉的词频统计作业（WordCount）为例来演示 Azkaban 的调度实现过程。

首先需要准备好词频统计 MapReduce 应用程序，在 Eclipse 中进行开发。

先写 map 函数，将 /home/ydh/hadoop-2.5.2/README.txt 文件中的每一行文本读出来，然后针对每一行记录将单词拆分出来并形成映射输出，map 函数的任务就完成了。

下面，定义一个 WordCountMap 类来重写 map 函数。当然，我们定义的这个类需要继承自框架提供的一个超类，就是框架定义 map 函数的 Mapper 类。也就是说，若我们自定义的 WordCountMap 类继承了 MapReduce 框架提供的 Mapper 类，那么自定义的 WordCountMap 类就具备了分布式并行运行 map 函数的能力。所以说，若想让自定义的类中的 map 函数支持分布式并行计算，就需要继承自 MapReduce 框架的 Mapper 类，这也符合 Java 语言中继承的概念。代码如下。

```java
import org.apache.hadoop.io.IntWritable;
import org.apache.hadoop.io.LongWritable;
import org.apache.hadoop.io.Text;
import org.apache.hadoop.mapreduce.Mapper;
/**
 * 本类继承自Mapper类，负责重写父类Mapper中的map函数
 * Mapper<LongWritable, Text, Text, IntWritable> 泛型的参数含义为 LongWritable
 * 表示文本偏移量相当于读取文本行的地址，由MapReduce框架启动时自动根据文件获
 * 取,Text 表示读取的一行文本,Text 表示map函数输出key的类型,IntWritable表示
 * map函数输出的value类型
 */
public class WordCountMap extends Mapper<LongWritable, Text, Text, IntWritable> {
    //定义一个静态常量value并将它的值初始化为1
    private static final IntWritable one= new IntWritable(1);
    //定义一个静态Text类的引用为word
    private static final Text word = new Text();
    /**
     * map函数主要负责对README.txt文件内容进行映射处理
     * key是从README.txt文件中读取的每行文本的偏移量地址
     * value是从README.txt中获取的一行文本，由MapReduce框架负责传入
     * context是MapReduce框架的上下文对象,可以存放公共类型的数据，比如map
     * 函数处理完的中间结果可以保存到context上下文对象中,MapReduce框架再根据
     * 上下文对象中的数据将其持久化到本地磁盘，这都是MapReduce框架来完成的
     */
    public void map(
            LongWritable key,
            Text value,
                org.apache.hadoop.mapreduce.Mapper<LongWritable, Text, Text,
IntWritable>.Context context)
            throws java.io.IOException, InterruptedException {
        //将读取的一行Text文本转化为Java的字符串类型
        String line = value.toString();
        //按照空格符切分出一行字符串中包含的所有单词，并存储到字符串数组中
        String[] words = line.split(" ");
```

```
            //循环遍历字符串数组 words，将其中的每个单词作为 key 值，上面定义的 //IntWritable
类型常量 one 作为 value 值
            for(String w : words){
                word.set(w);
                //经过 map 函数处理形成 key-value 键值对，输出到 MapReduce 的上下文
                //由 MapReduce 的上下文将结果写入本地磁盘空间
                context.write(word, one);
            }
        };
    }
```

接下来，写 reduce 函数。reduce 函数负责将 key 相同的单词合并，将对应的 value 值放到一个集合中，并对集合中的数值进行累加。所以 map 函数的输出到达 reduce 的输入时，就变成了 key 和 value 值的列表集合，因为相同的 key 合并之后，其对应的 value 值会被放到一个集合中。当然，reduce 函数也是分布式并行计算的，若要根据自己的业务需求重写 reduce 函数使之分布式并行计算，就需要写一个 WordCountReduce 类去继承 MapReduce 框架提供的对 reduce 函数定义的 Reducer 类，然后重写 Reducer 类中的 reduce 函数，进而实现自己的业务需求。代码如下。

```
import java.util.Iterator;
import org.apache.hadoop.io.IntWritable;
import org.apache.hadoop.io.Text;
import org.apache.hadoop.mapreduce.Reducer;
/**
 * 本类继承自 Reducer 类，负责重写父类 Reducer 中的 reduce 函数
 * Reducer< Text, IntWritable, Text, IntWritable > 泛型的参数含义如下。
 * 第一个 Text 表示 reduce 函数输入的键值对的键值类型，IntWritable 表示 reduce 函数输
 * 入键值对的值类型
 * 第二个 Text 表示 reduce 函数输出的键类型，IntWritable 表示 reduce 函数输出键值
 * 对的值类型
 */
public class WordCountReducer extends
        Reducer<Text, IntWritable, Text, IntWritable> {
    /**
     * reduce 函数主要负责对 map 函数处理之后的中间结果进行最后处理
     * 参数 key 是 map 函数处理完后输出的中间结果键值对的键值
     * values 是 map 函数处理完成后输出的中间结果值的列表
     * context 是 MapReduce 框架的上下文对象，可以存放公共类型的数据，比如 reduce
     * 函数处理完成的中间结果可以保存到 context 上下文对象中，由上下文再写入 HDFS 中
     */
```

```java
        public void reduce(
            Text key,
            java.lang.Iterable<IntWritable> values,
                org.apache.hadoop.mapreduce.Reducer<Text, IntWritable, Text,
IntWritable>.Context context)
                throws java.io.IOException, InterruptedException {
            //初始一个局部int型变量值为0,统计最终每个单词出现的次数
            int sum=0;
            //循环遍历key所对应的values列表中的所有values的值,然后进行累加
            for(IntWritable v : values){
                sum+=v.get();
            }
            //将reduce处理完的结果输出到HDFS文件系统中
            context.write(key, new IntWritable(sum));
        };
    }
```

以上完成了 map 函数和 reduce 函数的实现。接下来,将 map 和 reduce 函数组织起来,让它们变成一个整体来处理统计单词频率的工作。用来把 map 函数和 reduce 函数组织起来的组件被称为作业,如一个名为 job 的组件。在 MapReduce 编程框架模型中,处理业务需求的单位是作业(job)。也就是说,如果要把 README.txt 文件中所有单词的出现次数统计出来,就要写一个 MapReduce 的作业。MapReduce 的作业中包含 map 函数和 reduce 函数。map 函数负责映射和分发,把一行文本切分成一个个单词,并映射为一对对 key-value 键值对之后输出。reduce 函数负责聚合统计,将 map 函数处理完的中间结果 key-value 键和值的列表,针对每个 key 对应的 value 值列表集合中的数值,进行聚合累加计算。

在作业执行的过程中,map 函数和 reduce 函数的内部并发执行,map 函数和 reduce 函数之间串行执行,即 map 函数执行完毕之后,reduce 函数才能开始执行,从而完成业务需求的代码实现。作业组织 map 函数和 reduce 函数的详细代码如下。

```java
import org.apache.hadoop.conf.Configuration;
import org.apache.hadoop.fs.Path;
import org.apache.hadoop.io.IntWritable;
import org.apache.hadoop.io.Text;
import org.apache.hadoop.mapreduce.Job;
import org.apache.hadoop.mapreduce.lib.input.FileInputFormat;
import org.apache.hadoop.mapreduce.lib.output.FileOutputFormat;
public class WordCountMain {
    //程序的入口Main主函数
```

```java
public static void main(String[] args)throws Exception {
    //源文件输入路径，就是README.txt文件的路径，首先要将其上传到HDFS
    //假设上传到HDFS文件系统的路径为hdfs://master:9000/README.txt
    String inpath = args[0];
    //经过MapReduce数据处理之后结果的输出文件路径，注意该路径不能事先存在
    //假设设置的路径为hdfs://master:9000/wordcount_output
    String outpath = args[1];
    //创建MapReduce的job对象，并设置job的名称
    Job job=Job.getInstance(new Configuration(), WordCount.class.getName());
    //设置job运行时的程序入口主类WordCount
    job.setJarByClass(WordCount.class);
    //通过job设置输入/输出格式为文本格式，我们目前操作的基本都是文本类型
    job.setInputFormatClass(TextInputFormat.class);
    job.setOutputFormatClass(TextOutputFormat.class);
    //设置map函数的实现类对象
    job.setMapperClass(WordCountMap.class);
    //设置reduce函数的实现类对象
    job.setReducerClass(WordCountReducer.class);
    //设置map函数执行中间结果输出的key类型
    job.setMapOutputKeyClass(Text.class);
    //设置map函数执行中间结果输出的value类型
    job.setMapOutputValueClass(IntWritable.class);
    //设置job输出的key类型
    job.setOutputKeyClass(Text.class);
    //设置job输出的value类型
    job.setOutputValueClass(IntWritable.class);
    //设置输入文件的路径
    FileInputFormat.addInputPath(job, new Path(inpath));
    //设置计算结果的输出路径
    FileOutputFormat.setOutputPath(job, new Path(outpath));
    //提交运行作业
    int num = job.waitForCompletion(true)?0:1;
    //根据作业执行返回的结果退出程序
    System.exit(num);
    }
}
```

Azkaban是以".job"结尾的文件定义工作流的，例如，对于词频统计作业，我们可以将其定义为wordcount.job。

通过分析词频统计作业，我们发现这个统计任务可以拆分为3个小任务，一步一步地

去完成,如下所示。

(1)先将数据上传至 HDFS 文件系统,操作如下命令:

```
hadoop fs -put ~/word.txt /
```

(2)运行 MapReduce 词频统计分布式应用程序统计出结果,操作命令如下:

```
hadoop jar wordcount.jar /azkabanfile/word.txt /output
```

(3)将统计结果从 HDFS 文件系统加载到本地系统,操作命令如下:

```
hadoop fs -get / azkabanoutput /part*
```

由此,我们发现这 3 个任务之间存在互相依赖的关系,即任务(2)的执行依赖于任务(1)的执行结果,任务(3)的执行依赖于任务(2)的执行结果。因此,我们就可以利用 Azkaban 对这 3 个有依赖关系的任务实现自动化调度。

根据 Azkaban 定义工作流的方式,共计有 3 个子任务,我们就需要定义 3 个 ".job" 类型的配置文件。

第一个配置文件是 upload.job,负责将数据上传至 HDFS。构建配置文件,如下所示:

```
vim upload.job
type=command                                    #设置运行方式为命令行执行方式
command=hadoop fs -mkdir /azkabanfile    #在HDFS中创建目录
command.1=hadoop fs -put ~/word.txt /azkabanfile      #将Linux本地数据word.txt 上传到HDFS文件系统azkabanfile目录下
```

第二个配置文件是 wordcount1.job,负责词频统计 MapReduce 应用程序的执行。

```
vim wordcount1.job
type=command                                    #设置运行方式为命令行执行方式
command= hadoop jar wordcount.jar /word.txt /azkabanoutput    #设置在集群上运行MapReduce的Jar程序及输入路径和输出路径
dependencies=upload              #设置作业依赖,当前作业依赖于upload的执行结果
```

第三个配置文件是 wordcount2.job,负责将词频统计结果加载到本地文件系统。

```
vim wordcount2.job
type=command                                    #设置运行方式为命令行执行方式
command=hadoop fs -get /azkabanoutput/part*       #将MapReduce程序处理完的结果/azkabanoutput/part-r-000000加载到本地,注意这里的本地路径是 azkaban-executor执行服务目录/home/zkpk/azkaban-executor-2.5.0/executions/12/part*
dependencies=wordcount1          #设置作业依赖,当前作业依赖于wordcount1的执行结果
```

下面我们通过 11 个步骤，完成任务的自动化调度和监控，如下所示。

（1）在 Linux 或者 Windows 系统中，将已打好包的 MapReduce 词频统计应用程序 wordcount.jar、upload.job、wordcount1.job 和 wordcount2.job 4 个文件一起打包成 ZIP 压缩文件，命名为 az-job5.zip，放到 Linux 本地目录中。

（2）登录 AzkabanWebServer，打开浏览器输入 https://master:8443，用户名和密码均为 admin，如图 7-8 所示。

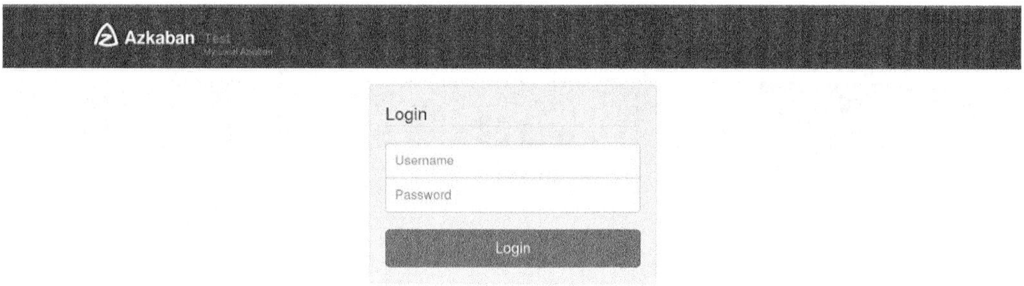

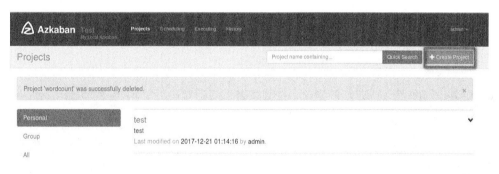

图 7-8

（3）登录到 AzkabanWebServer 主页，点击 Create Project 按钮，创建新项目，如图 7-9 所示。

图 7-9

（4）在弹框中输入项目名称"wordcount_test"及项目描述信息"wordcount…test…"，然后点击 CreateProject 按钮创建项目，如图 7-10 所示。

（5）项目 wordcount_test 创建成功，如图 7-11 所示。

（6）点击上图右上角的 Upload 按钮，在弹框中添加在前面已准备好的作业流文件 az-job5.zip，并点击弹框中的 Upload 按钮，完成调度作业流上传，如图 7-12 所示。

（7）项目 wordcount_test 的 Flows 标签下就出现了 wordcount2，如图 7-13 所示。

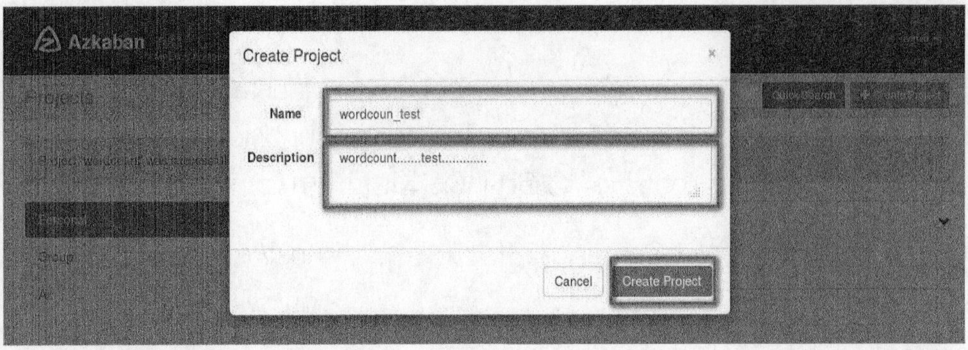

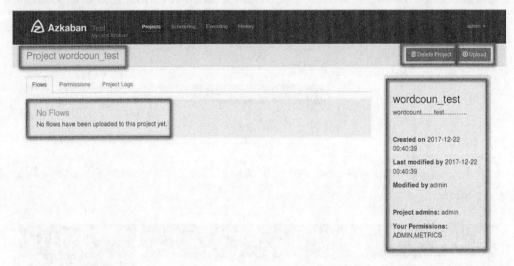

图 7-10

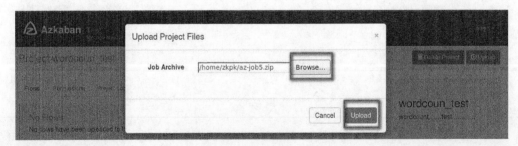

图 7-11

图 7-12

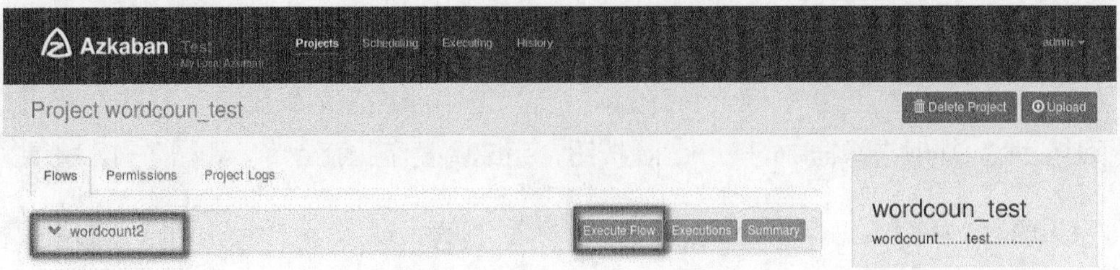

图 7-13

（8）点击如图 7-13 所示的 Execute Flow 作业流调度按钮，就会出现工作流调度流程图 upload-wordcount1-wordcount2，如图 7-14 所示。

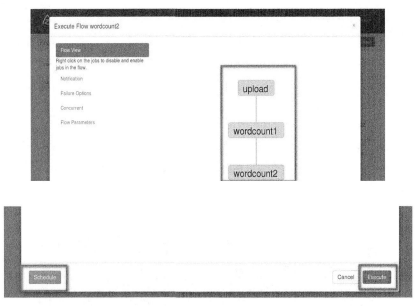

图 7-14

（9）若点击上图中的 Schedule 按钮，我们就可以自定义执行工作流的时间；若点击 Execute 按钮则会立刻执行工作流。本次我们选择点击 Execute 按钮，立刻执行，你将会看到工作流的执行过程：upload 表示已经执行成功，wordcount1 表示正在执行，wordcount2 表示还未执行，如图 7-15 所示。

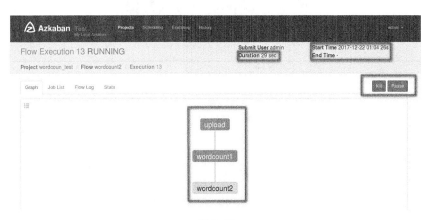

图 7-15

（10）我们再选择上图中的 JobList 标签就可以监控工作流中各个作业的执行情况，此时，upload、wordcount1 和 wordcount2 都已经执行成功，如图 7-16 所示。

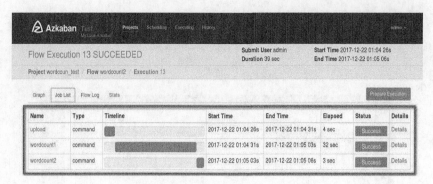

图 7-16

（11）最后，进入 /home/ydh/azkaban-executor-2.5.0/executions/13 目录就可以查看词频统计的最终结果了。我们也清楚地看到，这个大任务被分解成了 3 个子任务并实现了自动化调度，如下所示：

查看词频统计结果的操作命令如下：

```
cat ./part-r-00000
```

7.4　Hive 作业的设置与书写

如果我们想用 Azkaban 来调度 Hive 作业，则需要下载 jobtype 插件，此插件主要用来丰富 Azkaban 调度的作业类型，如此 Azkaban 就可以来调度 Hive 作业了，我们需要从官网上下载 azkaban-jobtype-2.5.0.tar.gz 压缩包。

然后把下载好的 azkaban-jobtype-2.5.0.tar.gz 压缩包文件移动到 AzkabanExecutor Server 服务器安装目录下的 plugins 子目录 azkaban-executor-2.5.0/plugins/。

```
cd /home/ydh/azkaban-executor-2.5.0/plugins
cp /home/ydh/azkaban-jobtype-2.5.0.tar.gz ./
```

解压 azkaban-jobtype-2.5.0.tar.gz 压缩包文件,操作命令如下:

```
tar -zxvf azkaban-jobtype-2.5.0.tar.gz
```

进入解压后的目录 cd azkaban-jobtype-2.5.0/,修改其根目录下 common.properties 配置文件,在其中添加"hadoop.home=/home/xdl/hadoop-2.5.2 和 hive.home=/home/xdl/apache-hive-1.2.2-bin",此时 Azkaban 的调度作业类型插件配置成功。

```
[ydh@master ~]$ cd azkaban-executor-2.5.0/plugins/azkaban-jobtype-2.5.0
[ydh@master azkaban-jobtype-2.5.0]$ ls
commonprivate.properties  hadoopJava  hive-0.8.1  package.version  pig-0.10.1  pig-0.12.0
common.properties         hive        java        pig-0.10.0      pig-0.11.0  pig-0.9.2
[xdl@master azkaban-jobtype-2.5.0]$ vim common.properties
```

在 common.properties 文件中输入如下所示的内容。

```
hadoop.home=/home/xdl/hadoop-2.5.2
hive.home=/home/xdl/apache-hive-1.2.1-bin
#pig.home=
#azkaban.should.proxy=
```

使用 Hive 的一次性命令"hive -e",来准备 Hive 运行的脚本程序 hiveCount.sh,后面我们就可以写 Azkaban 的调度配置文件来运行该脚本程序,从而完成 Hive 作业的自动化调度,如下所示:

```
vim hiveCount.sh
#!/bin/bash
export HIVE_HOME=/home/xdl/apache-hive-1.2.2-bin
export PATH=$HIVE_HOME/bin:$PATH
echo $HIVE_HOME
hive -e 'select count(distinct uid) from sogou.sogou500w'
```

通过一次性命令执行脚本的方式来操作 Hive,如下所示:

```
[xdl@master ~]$ hive -e 'select * from sogou500w limit 10'
```

将 Hive 的 HQL 写入文件中的执行方式如下:

```
vim hiveQL.hql
select * from sogou.sogou500w limit 10
```

```
:wq
[xdl@master ~]$ hive -f hiveQL.hql
```

下面,我们通过 4 个步骤来完成 Hive 作业的调度案例,如下所示。

(1)编写 azkaban 的作业配置文件,具体写法如下:

```
vim hiveCount.job
type=command         #设置命令的执行方式
command=bash hiveCount.sh  #执行hiveCount.sh脚本程序
```

(2)将 hiveCount.sh 和 hiveCount.job 打包为 hivecount-job.zip 压缩文件。

```
hivecount-job.zip
```

(3)登录 https://master:8443,在 AzkabanWebServer 界面创建 azkaban-hive 工程,并上传 hivecount-job.zip 压缩文件,如图 7-17 所示。

图 7-17

(4)点击 Excute 按钮运行,结果如图 7-18 所示。

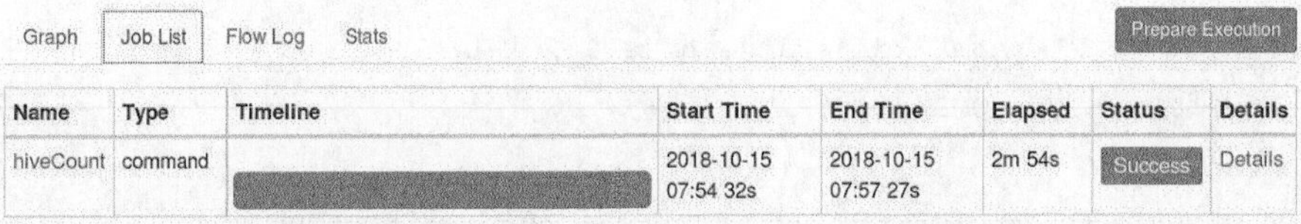

图 7-18

7.5 本章总结

本章我们主要学习了 Azkaban 的基本概念、核心组件、安装部署以及 Hadoop 作业、Hive 作业的设置与书写,使读者在实际开发中灵活地运用 Azkaban 实现作业的自动化调度，并且能够通过 Web 界面进行监控和管理。

7.6 本章习题

1. 总结 Azkaban 的基本概念和核心组件。

2. 在自己的本地服务器上完成 Azkaban 的安装部署。

3. 在自己的本地服务器上完成 Hadoop 和 Hive 作业的自动化调度。

第 08 章 电商推荐系统开发实战

本章要点
- 构建数据仓库
- 数据清洗
- 推荐算法实现
- 数据 ETL

本章将要介绍电商推荐系统的详细研发流程,主要包括:创建数据仓库、数据清洗、清洗完,以及使用 Mahout 提供的分布式推荐算法 itembase 协同过滤来实现商品推荐。最后,把推荐结果放到目标存储路径,前台就可以直接通过 Web 端进行访问,获取最终的推荐结果。

8.1 构建数据仓库

电商推荐系统的研发流程严格遵照生产系统的研发流程。首先我们要保证 Hadoop 集群平台环境处于可用状态,状态验证命令如下所示:

```
hadoop fs -ls /
```

```
Found 39 items
-rw-r--r--   2 xdl supergroup      113 2018-11-20 05:18 /HelloWorld.java
-rw-r--r--   1 xdl supergroup    15458 2018-11-16 02:49 /LICENSE.txt
drwxr-xr-x   - xdl supergroup        0 2018-11-20 18:36 /aa
-rw-r--r--   2 xdl supergroup      134 2018-11-29 03:13 /allCity.txt
drwxr-xr-x   - xdl supergroup        0 2018-12-12 03:05 /azkaban_output
drwxr-xr-x   - xdl supergroup        0 2018-11-21 07:40 /cc
drwxr-xr-x   - xdl supergroup        0 2018-11-20 18:57 /class17
drwxr-xr-x   - xdl supergroup        0 2018-11-20 17:56 /data
drwxrwxrwx   - xdl supergroup        0 2018-11-21 07:29 /data2
drwxrwxrwx   - xdl supergroup        0 2018-11-22 03:27 /data5
```

接下来我们使用 Hive 来构建数据仓库，步骤分为：（1）创建 Hive 数据仓库；（2）创建原始数据表；（3）加载数据到数据仓库；（4）验证数据结果。完成以上 4 个步骤的操作，我们就可以利用 Hive 查询数据和进行相关的操作了。

8.1.1 创建数据仓库

首先使用如下命令进入 Hive 客户端：

```
cd apache-hive-1.2.2-bin
bin/hive
```

```
hive>
```

执行一条命令查看 Hive 是否处于可用状态，例如查看 Hive 数据仓库中的数据库列表信息：

```
hive> show databases;
```

```
hive> show databases;
OK
ca
cars
cook
default
mydb
sogou
tmall
Time taken: 0.803 seconds, Fetched: 7 row(s)
```

通过前面章节的学习我们知道，Hive 是构建在 Hadoop 平台之上的。Hive 的存储依赖的是 Hadoop 平台的 HDFS 分布式文件系统；Hive 的计算依赖的是 Hadoop 分布式计算框架 MapReduce。其实在一个公司的生产环境中，无论是 Hadoop 平台还是 Hive 平台，几乎都是所有部门共用的。因此，对于 Hive 来讲，在构建一个数据仓库的时候，是要针对一个业务、一个产品或者一个部门，不同的维度都可以创建不同的数据库，在数据库里可以创建表。在这里，因为操作的是电商数据，所以我们创建的是一个电商的数据库，这里要表达的意思是：首先要对数据进行一个大概的分类，而分类的结果就决定了各个分类的数据应该对应哪个数据库。

下面我们进入 Hive 客户端执行创建电商数据库的操作，命令如下：

```
create database if not exists tmall;
```

```
hive> create database if not exists tmall;
OK
Time taken: 0.255 seconds
```

```
use tamll       //使得tmall为当前正在操作的数据
show tables     //查看tmall电商数据库中的表列表信息
```

创建数据仓库是基础，数据清洗才是考验人的地方。真正到数据清洗的时候，要求我们要对数据有足够的敏感性，才能做好这件事情。不管是电商数据、搜索数据，还是广告数据，陷阱是很多的。例如，数据的不规范肯定是存在的，这就要求你对现有的数据有一个全面的了解。数据清洗工作，一方面需要凭借经验，另一方面也需要我们自己去思考。我们将在后面的数据清洗环节进行详细介绍。

8.1.2　创建原始数据表

电商推荐系统的数据放在名称为 tmall 的数据库里，对于这个数据库，我们接下来会在其中创建表 tamll_201412。需要注意的是，如果每个月产生的数据非常多，那我们在建表的时候应该精确到天（DAY），比如 tmall_20141201，这表示业务系统在本月第一天产生的数据命名，当第二天的时候，也是同样的写法，一直到 12 月的最后一天则是 tmall_20141231，这就是对数据进行的第二次分类了。但如果我们按照月份建表，反而是不合理的，尤其是在查询的时候也不方便，效率比较低。但按月统计在生产环境中是最多的。在本章的电商推荐系统里，数据已经全部获取到了，大概有 24 万条，然而这份数据文件的名字也叫 tmall-201412.csv。所以我们在这里就把它放在一张按照月份进行存储数据的表 tmall_201412 中。

我们可以打开这份 tmall-201412.csv 数据文件查看一下其中的内容，一共有 24 万行数据，每一行数据都有 6 个字段，它们之间的分隔符为 '\t'，所以在接下来建表的时候，我们需要创建一张包含 6 个字段的表，我们将这张表命名为 tmall_201412。

```
vi tmall-201412.csv
```

```
3764633023       2014-12-01 02:20:42.000   全视目Allseelook 原宿风暴显色美瞳彩色隐形艺术眼镜1片 拍2包邮              33.6    2    18067781305
13377918580      2014-12-17 08:10:25.000   kilala可啦啦大美目大直径混血美瞳年抛彩色近视眼镜2片包邮                  19.8    2    17359010576
13532689063      2014-12-14 20:42:14.000   kilala可啦啦大美目大直径混血美瞳年抛彩色近视眼镜2片包邮                  19.8    2    17359010576
13856049592      2014-12-22 17:03:26.000   kilala可啦啦大美目大直径混血美瞳年抛彩色近视眼镜2片包邮                  19.6    2    17359010576
18056000601      2014-12-23 13:08:44.000   舒加美 甜甜圈糖果彩钻大直径年抛彩色隐形眼镜进口全国包邮                  9.9     1    18224781070
13950745682      2014-12-16 08:30:06.000   EYEMAY艾魅美瞳大直径美瞳年抛彩色隐形近视眼镜包邮一片装送镜盒              19.6    2    17525034357
1111111111       2014-12-27 16:58:06.000   舒加美 大冰凝天使冰蓝柔美瞳年抛大直径美瞳彩色隐形眼镜 一副填1包邮           20      2    19767079212
18268900390      2014-12-05 19:48:26.000   kilala可啦啦大美目大直径美瞳年抛彩色近视眼镜2片包邮送盒                  19.78   2    17359010576
15932549985      2014-12-12 14:05:12.000   爱漾美瞳钻石大梅花四叶草韩国进口彩色近视眼镜混血美瞳                     9.9     1    40568171089
13541923320      2014-12-01 13:36:38.000   秀儿 验孕棒早早孕试纸20条+尿杯20 验孕试纸测试怀孕 测孕棒笔                9.9     1    35570005627
18706700175      2014-12-30 10:04:17.000   EYEMAY艾魅美瞳大直径美瞳年抛彩色隐形近视眼镜包邮一片装送镜盒              19.4    2    17525034357
15925824023      2014-12-06 21:51:41.000   卡乐美蕾丝菠萝三色草莓大直径美瞳彩色隐形眼镜                           12      2    37961093174
18946467789      2014-12-21 15:37:50.000   卫康新视多功能近视隐形眼镜美瞳护理液 免搓洗除蛋白型355ml*3瓶              36      1    23209144069
18679171504      2014-12-28 08:23:59.000   EYEMAY艾魅美瞳大直径美瞳年抛彩色隐形近视眼镜包邮一片装送镜盒              19.4    2    17525034357
15578488809      2014-12-02 14:51:32.000   爱漾美瞳 菠萝三色 新品 彩色近视隐形眼镜自然年抛1片装2片包邮                18.8    1    42498389933
```

表 tmall_201412 的字段有 uid（用户 ID）、time（购买日期）、pname（商品名称）、price（商品单价）、number（商品数量）、pid（商品 ID）。注意，在生产环境中一般创建存放业务数据的表时都使用外部表。

接下来还有一张表，其在创建的时候就没有用外部表模式，因为它是内部表。内部表也叫临时表，一般用来存放数据计算过程中的中间结果，当计算处理完成之后，这些临时表就会被删除，其表中的数据也会跟着一起删除。但一般像这种按月、按天分类存放数据的表都是外部表，原因是当我们指定了表中数据的存储地址 LOCATION '/tmall/201412' 这个属性以后，我们就可以把业务系统数据信息定期地通过采集的日志发送到我们自己的数据仓库里，即先建立存放数据的表，再向表中放入数据。这就是我们要做的事情，通过这样的方式构建数据仓库也是最合理的。

需要注意表中的数据类型，一般情况下，原始数据文件 tmall-201412.csv 中 uid 和 pid 的数据基本上都是 INT 类型或者 LONG 类型，但是在这里建表的时候把它们默认设置为了 STRING 类型，之所以这样设置，是因为这两个数据有些时候是不规范的，那么我们就要先给它们做一个设定。STRING 类型包罗万象，什么样的数据类型都可以容纳进去。接下来这两个字段对本次电商系统的推荐实现是最重要的！

进入 Hive 客户端后执行如下建表语句：

```
CREATE EXTERNAL TABLE IF NOT EXISTS tmall.tmall_201412(
uid STRING,
time STRING,
pname STRING,
price DOUBLE,
number INT,
pid STRING)
ROW FORMAT DELIMITED
FIELDS TERMINATED BY '\t'
STORED AS TEXTFILE
LOCATION '/tmall/201412';
```

列出表 tmall_201412 的命令如下：

```
show tables
```

我们可以查看一下这张表的数据结构，命令如下所示：

```
desc tmall_201412
```

```
hive> desc tmall_201412;
OK
uid                     string
time                    string
pname                   string
price                   double
number                  int
pid                     string
Time taken: 0.453 seconds, Fetched: 6 row(s)
```

8.1.3 加载数据到数据仓库

我们将现有的 24 万条数据 tmall-201412.csv 加载到数据仓库中，这个数据需要事先把它放在一个目录下，例如先放在本地目录 /home/ydh 下。接着，我们需要查看在 Hadoop 平台上有没有 LOCATION 'tmall/201412' 建表语句中所描述的将要存放数据的文件夹层级目录。如果没有，就需要自己手动创建这个目录，创建完成之后就可以将 tmall-201412.csv 上传到目录 /tmall/201412 下，操作命令如下所示：

```
hadoop fs -ls /
hadoop fs -mkdir /tmall/201412
```

```
[lgr@master ~]$ hadoop fs -ls /tmall
Found 1 items
drwxr-xr-x   - lgr supergroup          0 2019-07-04 01:35 /tmall/201412
```

```
hadoop fs -put tmall-201412.csv /tmall/201412
hadoop fs -ls /tmall/201412
```

```
Found 1 items
-rw-r--r--   2 xdl supergroup   34146730 2018-12-10 07:22 /tmall/201412/tmall-201412.csv
```

这样，我们就将数据放到了 Hive 数据仓库中。接下来，回到 Hive 客户端去验证数据结果。

8.1.4 验证数据结果

现在我们进入数据验证的环节，验证加载到数据仓库的数据是不是可用的。这里只给了一条 SQL 验证是不够的，我们还需要其他的操作，例如使用 count(*) 操作，验证数据的总条数是否足够，跟我们之前接触到的数据是不是完全匹配的。验证没问题之后，就可以进入下一步骤了。

首先，进入 Hive 客户端，操作命令如下所示：

```
cd apache-hive-1.2.1-bin
bin/hive
hive>show databases;
hive>use tmall;
hive>show tables;
```

执行如下命令，验证数据内容是否存在，如下所示，数据是存在的，但这不一定说明数据是完全对的，还需要进一步验证。

```
hive>select * from tmall.tmall_201412 limit 10;
```

再来查看前 3 条数据，命令如下所示：

```
hive>select * from tmall.tmall_201412 limit 3
```

下面我们再选择一个字段来验证，比如选择 pid 字段。如果查询出来的前 3 个 pid 字段的值和上面展示的前 3 条数据中 pid 的值是一样的，则说明 Hive 表中对字段的切分是没有问题的，命令如下所示：

```
hive>select pid from tmall_201412 limit 3
```

```
hive> select pid from tmall_201412 limit 3;
OK
18067781305
17359010576
17359010576
Time taken: 0.155 seconds, Fetched: 3 row(s)
```

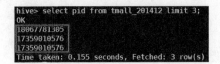

查询结果出来了，我们可以对比一下，可以看到，字段通过验证，数据没有问题。

接下来要利用 count(*) 判断数据的总条数是否正确，操作命令如下：

```
hive>select count(*) from tmall.tmall_201412
```

```
hive> select count(*) from tmall_201412;
Query ID = xdl_20190718042956_a43b3da4-eaeb-408f-bf9d-af66be9578ab
Total jobs = 1
Launching Job 1 out of 1
Number of reduce tasks determined at compile time: 1
In order to change the average load for a reducer (in bytes):
  set hive.exec.reducers.bytes.per.reducer=<number>
In order to limit the maximum number of reducers:
  set hive.exec.reducers.max=<number>
In order to set a constant number of reducers:
  set mapreduce.job.reduces=<number>
Starting Job = job_1563448971017_0001, Tracking URL = http://master:18088/proxy/application_1563448971017_0001/
Kill Command = /home/xdl/hadoop-2.5.2/bin/hadoop job  -kill job_1563448971017_0001
Hadoop job information for Stage-1: number of mappers: 1; number of reducers: 1
2019-07-18 04:30:10,158 Stage-1 map = 0%,  reduce = 0%
2019-07-18 04:30:27,324 Stage-1 map = 100%,  reduce = 0%, Cumulative CPU 3.9 sec
2019-07-18 04:30:35,722 Stage-1 map = 100%,  reduce = 100%, Cumulative CPU 5.21 sec
MapReduce Total cumulative CPU time: 5 seconds 210 msec
Ended Job = job_1563448971017_0001
MapReduce Jobs Launched:
Stage-Stage-1: Map: 1  Reduce: 1   Cumulative CPU: 5.21 sec   HDFS Read: 34153522 HDFS Write: 7 SUCCESS
Total MapReduce CPU Time Spent: 5 seconds 210 msec
OK
242425
Time taken: 40.193 seconds, Fetched: 1 row(s)
```

如上所示，当我们执行统计的时候，Hive 后台会单独启动一个 MapReduce 作业，如果此时我们打开 http://master:18088 YARN 监控界面，在这个页面上会出现一个作业，名字叫 select count(*) from tmall_201412 limit 3。作业的名字就是 SQL 的名字，也就是说，如果在这个界面上看到 SQL 语句，就可以判定它是用 Hive 去查询数据的，如图 8-1 所示。

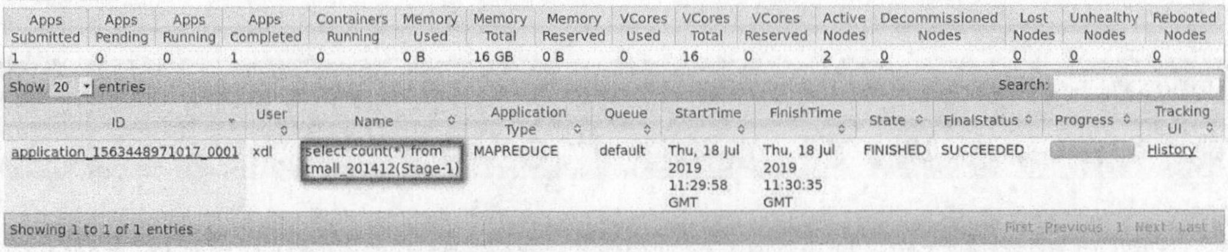

图 8-1

通过 HiveQL，统计结果数据的总条数是：242425。我们再通过 Linux 命令统计一下本地 tmall-201412.csv 文件中数据的总条数，统计命令如下所示：

```
wc -l tmall-201412.csv
```

```
[xdl@master ~]$ wc -l tmall-201412.csv
242425 tmall-201412.csv
```

通过比较我们发现，本地文件中数据的总行数和 Hive 表中统计的结果是一模一样的，那就说明现在这个 Hive 表中的数据是没有问题的，接下来就可以进入下一阶段了。

8.2 数据清洗

接下来我们进入数据清洗阶段。数据清洗是一件很麻烦的事情，在电商推荐系统案例中只对 uid 和 pid 两个字段做了清洗，因为它们是推荐算法应用中重要的两个字段。我们通过创建一个临时表来完成数据的清洗，所以稍微复杂和麻烦一点。

还有一个方法，可以不通过创建临时表来进行数据清洗：直接把数据加载到本地，通过 Hive 的方式直接去执行就可以了。我们可以创建一个 shell 脚本，在脚本里面可以放置数据清洗的命令，如 hive -e "select uid, pid from tmall.tmall_201412"。之后就会把 uid 和 pid 这两个字段从 tmall_201412 表中取出来，随即我们就可以将这两个字段的数据重定向到一个本地的文件系统中，实现集群到本地的转化。例如 hive -e "select uid, pid from tmall.tmall_201412" → tmall_uid_pid.csv，这样数据就从集群加载到本地了。这种方式在生产系统上经常使用。本推荐系统案例为了让大家更好地理解外部表和内部表的区别，所以我们创建了一张临时表 tmall_201412_uid_pid 来完成数据的清洗。创建临时表的好处是，我们可以把数据清洗的中间结果数据在 HDFS 文件系统上做一个临时的备份。但如果采用我们刚才介绍的数据清洗的方式，清洗出来的数据存储在本地文件系统，那么就有可能被误删。

8.2.1 创建临时表

接下来我们学习通过创建临时表的方式实现数据清洗。首先，创建临时表 tmall_201412_uid_pid，目的是把 uid 和 pid 这两个字段拿出来生成接下来要做推荐的数据输入。然而我们要知道，使用 Mahout 推荐算法时需要指定一个输入数据文件的路径和输出结果数据文件的路径，这里要做的准备就是 input 这个参数。表 tmall_201412_uid_pid 只存放 uid 和 pid 这两个字段，这是一种规范化的存储方式。

使用如下命令，登录 Hive 客户端创建临时表：

```
CREATE TABLE IF NOT EXISTS tmall.tmall_201412_uid_pid(
uid STRING,
pid STRING)
ROW FORMAT DELIMITED
FIELDS TERMINATED BY '\t'
STORED AS TEXTFILE;
```

通过如下命令查看临时表结构信息：

```
desc tmall_201412_uid_pid
```

```
hive> desc tmall_201412_uid_pid;
OK
uid                     string
pid                     string
Time taken: 0.165 seconds, Fetched: 2 row(s)
```

8.2.2 数据清洗详细步骤

（1）初步填充、检查结果

使用如下命令，我们从原来的表 tmall_201412 中把 uid 和 pid 这两个字段提取出来，然后放到临时表里面，但是这不代表事情就做完了，我们接下来要进行验证。

```
INSERT OVERWRITE TABLE tmall.tmall_201412_uid_pid SELECT uid, pid from tmall.tmall_201412;
```

```
Total MapReduce CPU Time Spent: 3 seconds 680 msec
OK
Time taken: 33.143 seconds
```

验证的方式是将 uid 和 pid 这两个提取出来的字段数据从 HDFS 文件系统加载到本地，操作命令如下所示：

```
hadoop fs -get /user/hive/warehouse/tmall.db/tmall_201412_uid_pid/000000_0
```

通过执行以上命令，我们把数据从 HDFS 加载到本地的任何一个目录，这里我们将数据放到了 /home/ydh。可以看到目录下多了一个名为 000000_0 的文件，接下来我们就用 vi 命令查看这个文件的内容。

打开本地文件，如下所示：

```
vi 000000_0
```

13361847687	17525034357	15822820461	41986400332
13843628727	24951628931	18290447431	17359010576
13584672091	16647486359	18820683603	40081748608
13960637754	38546567968	13951100825	38192360483
18244322623	17525034357	13108502626	38330727924
13427313881	16334197635	15278005310	17359010576
13604081742	19334359939	15285911724	42126202102
18264759485	40568171089	18954918303	42480914475
15572155559	17359010576	13143248806	17525034357
13865006535	17525034357	18765202910	17359010576
15903155132	23988028772	13110528970	37961093174
2577000	17525034357	null	22138924179
13772623795	20270716980	13697884566	36856290559
15901464586	35570005627	13661597126	16602598659
18667041956	18548281120	15593850027	38332450786
18357736270	17525034357	15258857078	27529496581
15355652666	40106373456	18629002247	37519386679
13859738656	40081748608	13932881688	38332450786
15658667706	17359010576	15894950572	39393284863
15715193981	17525034357	15237272200	17359010576
15207624119	17359010576	18929911909	42101347753
15006870688	38527938693		

你会看到这个结果文件的内容是我们从 6 个字段的 24 万条数据中清洗出来的，那它也应该是 24 万条数据。在这些数据里面，我们会看到一些奇怪的数据，比如有的 uid 组成数字的位数是不够的。我们在打开的文件中输入"/null"命令，发现有一些行中的 uid 字段是空的，像这样的数据我们称之为噪声数据。这样的噪声数据用 Mahout 推荐算法处理不了，会引发报错，所以需要把这些噪声数据剔除，因为它们本身没有任何意义。需要注意的是，所有的 pid 和 uid 都是数字编码，如果有一个不是，那么这条数据一定是噪声数据。

目前系统案例中只有 24 万条数据，噪声数据的类型是有限的。但在实际生产系统中，我们有可能碰到 PB 级的海量数据，那时碰到的噪声数据的类型可比目前这几种多得多。比如有些 pid 会叠加，或者 pid 前面有字母，只要出现非数字编码的情况都属于噪声数据，因为行业规范是，pid 和 uid 都是数字编码类型，不能像昵称一样随便起。此处的 uid 和 pid 就是数字类型的，凡不符合这个规范的都属于噪声数字，而我们要做的事情就是把这些噪声数据剔除，这样才不会影响后面推荐算法的运行和准确度。

（2）初步清洗

我们现在要做的事情就是清洗掉这些噪声数据，但如何才能清洗掉这些噪声数据呢？那就是用下面看起来比较"诡异"的 SQL 来做。这个 SQL 严格意义上来讲是相对简单的，因为它只考虑数据为空、为 null 和 NULL 的情况。下面我们来分析一下这个 SQL 及其用到的函数。仔细一看，我们发现它只用到了一个函数，那就是 regexp_extract(string subject,string pattern,int index) 函数，这个函数的意思是抽取正则，也就是把 subject 字符串中符合正则表达式的子串或者全部抽取出来。其中，第一个参数 subject 是要处理的字符串；第二参数 pattern 是需要匹配抽取的正则表达式；第三个参数 index 有 3 个值，分别是 0、1 和 2。0 表示抽取与之匹配的整个字符串；1 表示抽取与所给正则表达式中第一个括号匹配的字符串；2 表示抽取与所给正则表达式中第二个括号匹配的字符串，请看下面的例子。

当参数 index 的值为 0 时，得到的结果值是抽取与正则表达式 'i([0-9]+)([a-z]+)' 完全匹配的字符串内容，即 i 开头 + 数字 (多个)+ 字母 (多个)。

```
hive> select regexp_extract('http://a.m.taobao.com/i41915173660abc.htm','i([0-9]+)([a-z]+)',0) from sogou_100 limit 1;
OK
i41915173660abc
```

当参数 index 的值为 1 时，得到的结果值是抽取与正则表达式 'i([0-9]+)([a-z])' 中第一个括号（[0-9]+）匹配的字符串内容，即只有数字类型并且可以包含多个数字。

```
hive> select regexp_extract('http://a.m.taobao.com/i41915173660abc.htm','i([0-9]+)([a-z]+)',1) from sogou_100 limit 1;
OK
41915173660
```

当参数 index 的值为 2 时，得到的结果值是抽取与正则表达式 'i([0-9]+)([a-z])' 中第二个括号([a-z]+) 匹配的字符串内容，即只有字母类型并且可以包含多个字母。

```
hive> select regexp_extract('http://a.m.taobao.com/i41915173660abc.htm','i([0-9]+)([a-z]+)',2) from sogou_100 limit 1;
OK
abc
```

所以在数据清洗的 SQL 中，regexp_extract(uid, '^[0-9]*$', 0) 指的是从字段 uid 字符串里面把符合正则表达式 '^[0-9]*$' 的字符串内容，即数字类型的字符串抽取出来。其中第三个参数 0 表示抽取与正则表达式内容匹配的整个字符串。所以，抽取的结果如果是单空格、双空格、null 或者 NULL，则该 uid 字段的值就不是数字编码的字符串而是噪声数据或无意义的数据，是不能参与到后面的推荐算法中去执行的，如果参与进去是会引发报错。因此我们把 regexp_extract(uid, '^[0-9]*$', 0) !='' 作为 where 条件，然后通过 INSERT OVERWRITE 语句把清洗之后的数据写入临时表 tmall_201412_uid_pid 中。

在 Hive 客户端执行下面的 SQL 语句完成数据的初步清洗工作。

```
INSERT OVERWRITE TABLE tmall.tmall_201412_uid_pid select regexp_extract(uid, '^[0-9]*$', 0),regexp_extract(pid, '^[0-9]*$', 0) from tmall.tmall_201412 where regexp_extract(uid, '^[0-9]*$', 0) is not null and regexp_extract(uid, '^[0-
```

```
9]*$', 0) != 'NULL' and regexp_extract(uid, '^[0-9]*$', 0) !='' and regexp_ex-
tract(uid, '^[0-9]*$', 0) != ' ' and regexp_extract(uid, '^[0-9]*$', 0) != 'null'
and regexp_extract(pid, '^[0-9]*$', 0) is not null and regexp_extract(pid, '^[0-
9]*$', 0) != 'NULL' and regexp_extract(pid, '^[0-9]*$', 0) !='' and regexp_ex-
tract(pid, '^[0-9]*$', 0) != ' ' and regexp_extract(pid, '^[0-9]*$', 0) != 'null' ;
```

```
Total MapReduce CPU Time Spent: 7 seconds 350 msec
OK
Time taken: 33.15 seconds
```

我们再去查看该临时表时，看到的就是清洗之后的数据了，随后我们将对清洗之后的数据进行验证操作。

需要注意的是，我们真正在做数据清洗的时候，有些内容可以用 Hive 去实现，但有一些情况是 Hive 搞不定的，例如有一些特殊字符。这个时候我们就需要借助 MapReduce 计算框架自行编写 Java 代码来实现。我们也可以编写 Hive 的 UDF 函数或者 Hive+Python 处理脚本来实现清洗操作。这 3 种方式都可以供我们在实际开发中选择，但绝大多数情况 Hive 都能覆盖到，剩下的可以用刚刚介绍的这 3 种数据清洗的方式进行补充。

8.2.3 验证清洗

现在数据清洗的工作已经完成了，我们需要对清洗后的数据再次验证。进入 Hive 客户端后执行下面的查询语句，看到的就是清洗之后的数据了。

```
select * from tmall_201412_uid_pid limit 5;    //查询前5条数据信息
```

```
hive> select * from tmall_201412_uid_pid limit 5;
OK
13764633023      18067781305
13377918580      17359010576
13532689063      17359010576
13856049592      17359010576
18056000601      18224781070
Time taken: 0.091 seconds, Fetched: 5 row(s)
```

数据清洗前的数据总条数为：242425。

```
[xdl@master ~]$ wc -l tmall-201412.csv
242425 tmall-201412.csv
```

清洗之后的数据总条数为：241801。

```
Hive>select count(*) from tmall_201412_uid_pid;
```

```
Total MapReduce CPU Time Spent: 5 seconds 70 msec
OK
241808
Time taken: 45.062 seconds, Fetched: 1 row(s)
```

通过比较我们发现，清洗后比清洗前少了 600 多条数据，这 600 多条数据就是被清洗掉的噪声数据。

8.3 推荐算法实现

接下来我们就进入推荐算法的实现阶段了。推荐算法实现的步骤分为：路径的准备、运行推荐算法、查看推荐结果。详细内容请看下面的内容，但在这之前我们还需要介绍一个算法开源项目 Mahout 和其中的一个协同过滤算法 itembase，这是我们学习推荐算法之前的必备工作。

8.3.1 Mahout 安装部署

Mahout 是 Apache Software Foundation（ASF）旗下的一个开源项目，提供一些可扩展的机器学习领域经典算法的实现，旨在帮助开发人员更加方便快捷地创建智能应用程序。Mahout 包含许多实现，包括聚类、分类、推荐过滤、频繁子项挖掘。在本书介绍的电商推荐系统中就将要用到 Mahout 中的协同过滤推荐算法，如图 8-2 所示。

图 8-2

1. Mahout 安装条件

接下来我们安装 Mahout，此时需要你已经成功安装 Hadoop，并且要求 Hadoop 已经正常启动。

Hadoop 正常启动的验证过程如下：

（1）使用下面的命令，看可否正常显示 HDFS 上的目录列表：

```
hadoop fs -ls /
```

（2）如图 8-3 和图 8-4 所示，使用浏览器查看相应界面，命令如下：

```
http://master:50070
```

图 8-3

```
http://master:18088
```

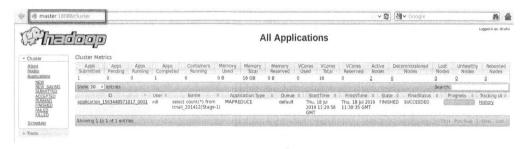

图 8-4

2. 解压并安装 Mahout

访问 Mahout 官方网站即可下载 Mahout 安装程序，这里下载的是 apache-mahout-distribution-0.10.1.tar.gz 版本，将其安装文件复制到本地 /home/ydh/resource，使用

下面的命令解压 Mahout 安装包：

```
cd /home/ydh/resource
mv apache-mahout-distribution-0.10.1.tar.gz ~/
tar -zxvf apache-mahout-distribution-0.10.1.tar.gz
cd apache-mahout-distribution-0.10.1
```

执行 ls –l 命令后会看到如下所示的内容，这些内容是 Mahout 包含的文件：

```
total 121172
drwxrwxr-x.  2 xdl xdl       4096 Dec 10  2018 bin
drwxr-xr-x.  2 xdl xdl       4096 May 30  2015 conf
drwxrwxr-x. 11 xdl xdl       4096 Dec 10  2018 docs
drwxrwxr-x.  4 xdl xdl       4096 Dec 10  2018 examples
drwxrwxr-x.  2 xdl xdl       4096 Dec 10  2018 h2o
drwxrwxr-x.  3 xdl xdl       4096 Dec 10  2018 lib
-rw-r--r--.  1 xdl xdl      39588 May 30  2015 LICENSE.txt
-rw-r--r--.  1 xdl xdl     764959 May 30  2015 mahout-examples-0.10.1.jar
-rw-r--r--.  1 xdl xdl   58170390 May 30  2015 mahout-examples-0.10.1-job.jar
-rw-r--r--.  1 xdl xdl   17130118 May 30  2015 mahout-h2o_2.10-0.10.1-dependency-reduced.jar
-rw-r--r--.  1 xdl xdl      97309 May 30  2015 mahout-h2o_2.10-0.10.1.jar
-rw-r--r--.  1 xdl xdl      26367 May 30  2015 mahout-hdfs-0.10.1.jar
-rw-r--r--.  1 xdl xdl     446653 May 30  2015 mahout-integration-0.10.1.jar
-rw-r--r--.  1 xdl xdl    1642249 May 30  2015 mahout-math-0.10.1.jar
-rw-r--r--.  1 xdl xdl     553544 May 30  2015 mahout-math-scala_2.10-0.10.1.jar
-rw-r--r--.  1 xdl xdl    1410101 May 30  2015 mahout-mr-0.10.1.jar
-rw-r--r--.  1 xdl xdl   35392411 May 30  2015 mahout-mr-0.10.1-job.jar
-rw-r--r--.  1 xdl xdl    4083298 May 30  2015 mahout-spark_2.10-0.10.1-dependency-reduced.jar
-rw-r--r--.  1 xdl xdl     441535 May 30  2015 mahout-spark_2.10-0.10.1.jar
-rw-r--r--.  1 xdl xdl      23842 May 30  2015 mahout-spark-shell_2.10-0.10.1.jar
-rw-r--r--.  1 xdl xdl       1888 May 30  2015 NOTICE.txt
-rw-r--r--.  1 xdl xdl    3797574 Jul 17 08:33 part-r-00000
-rw-r--r--.  1 xdl xdl        479 May 30  2015 README.txt
```

3. 启动并验证 Mahout

进入 Mahout 的安装主目录，执行 bin/mahout，操作命令如下所示：

```
cd apache-mahout-distribution-0.10.1
bin/mahout
```

执行命令后会看到如下所示的打印输出，表示 Mahout 已安装成功。

```
[xdl@master apache-mahout-distribution-0.10.1]$ bin/mahout
Running on hadoop, using /home/xdl/hadoop-2.5.2/bin/hadoop and HADOOP_CONF_DIR=
MAHOUT-JOB: /home/xdl/apache-mahout-distribution-0.10.1/mahout-examples-0.10.1-job.jar
SLF4J: Class path contains multiple SLF4J bindings.
SLF4J: Found binding in [jar:file:/home/xdl/hadoop-2.5.2/share/hadoop/common/lib/slf4j-log4j12-1.7.5.jar!/org/s
lf4j/impl/StaticLoggerBinder.class]
SLF4J: Found binding in [jar:file:/home/xdl/hbase-0.98.9-hadoop2/lib/slf4j-log4j12-1.6.4.jar!/org/slf4j/impl/St
aticLoggerBinder.class]
SLF4J: See http://www.slf4j.org/codes.html#multiple_bindings for an explanation.
SLF4J: Actual binding is of type [org.slf4j.impl.Log4jLoggerFactory]
An example program must be given as the first argument.
Valid program names are:
  arff.vector: : Generate Vectors from an ARFF file or directory
  baumwelch: : Baum-Welch algorithm for unsupervised HMM training
  buildforest: : Build the random forest classifier
  canopy: : Canopy clustering
  cat: : Print a file or resource as the logistic regression models would see it
  cleansvd: : Cleanup and verification of SVD output
  clusterdump: : Dump cluster output to text
  clusterpp: : Groups Clustering Output In Clusters
  cmdump: : Dump confusion matrix in HTML or text formats
  concatmatrices: : Concatenates 2 matrices of same cardinality into a single matrix
  cvb: : LDA via Collapsed Variation Bayes (0th deriv. approx)
  cvb0_local: : LDA via Collapsed Variation Bayes, in memory locally.
  describe: : Describe the fields and target variable in a data set
```

8.3.2 itembase 协同过滤推荐算法

通常我们在网购的时候会遇到这样的情况，当我们购买了一个物品 A 后，网站上可能会给你推荐一些和 A 相似的物品。比如我们购买了一双某品牌篮球鞋，那么网站就有可能会给我们再推荐一款其他品牌的篮球鞋，这类推荐的背后就是典型的协同过滤算法技术。接下来就让我们一起来学习协同过滤算法的实现原理。

协同过滤是目前最经典的推荐算法，顾名思义，协同是指通过在线数据找到用户可能喜欢的物品，过滤是指筛掉一些不值得推荐的数据。协同过滤一般有 3 种：第一种是基于项目（item-base）的协同过滤；第二种是基于用户（user-base）的协同过滤；第三种是基于模型（model-base）的协同过滤。在实际开发中具体选择哪一种来使用，取决于业务场景，我们这里主要介绍基于项目的协同过滤，因为我们在后面的推荐算法中使用的就是基于项目（item-base）的协同过滤。项目一词也可以叫用户购买的物品，即基于物品的协同过滤。例如，当用户购买了物品 A，如果发现 A 和 C 的相似度比较高，就给用户推荐物品 C，还是比较好理解的，下面就让我们来详细介绍。

上面讲到 itembase 是基于项目即用户购买物品的相似度来进行推荐的，那么怎样来计算物品的相似度呢？我们来看一个简单的案例。

下面是 3 个用户购买物品的行为数据。

UserID	ProductID	Score
1	A	5
1	B	5
2	A	5
2	C	5
3	A	5
3	B	5
3	C	5

上面的表格数据翻译过来是：用户 1 购买了 A 和 B；用户 2 购买了 A 和 C；用户 3 购买了 A、B 和 C。

后面的打分项数据我们暂时可以忽略，因为打分值都是一样的。

那么对于物品来说，被用户购买的统计就是：用户 1、用户 2 和用户 3 购买 3A；用户 1 和用户 3 购买 3B；用户 2 和用户 3 购买 3C。

下面我们用 Jaccard 公式来计算物品 A 和物品 B 的距离：

$$J(A,B) = \frac{|A \cap B|}{|A \cup B|} = \frac{|A \cap B|}{|A|+|B|-|A \cap B|}$$

物品 A 和物品 B 的 Jaccard =（A 交 B）/（A 并 B）= [1,3] / [1,2,3] = 2/3

后面依次计算出物品 A 和物品 C 及物品 B 和物品 C 的 Jaccard 系数值，如下所示：

itemid	similarity	
A	C:0.6666666667	B:0.6666666667
B	A:0.6666666667	C:0.3333333333
C	A:0.6666666667	B:0.3333333333

此时，当一个用户购买了物品 B，而我们决定给它推荐物品 A 和物品 C 的时候，我们就能很明显地看出 B 和 A 之间的 Jaccard 系数值比 B 和 C 之间的 Jaccard 系数值更大，所以我们给用户推荐物品 A 即可。

以上就是 itembase 协同过滤算法的基本实现原理。关于这个算法的具体实现代码，在我们刚刚安装好的 Mahout 算法开源项目中已经做了实现，我们安装好 Mahout 应用程序之后就可以直接使用其为我们提供的 itembase 系统过滤算法做电商推荐系统了。当然，在实际开发中我们可以对 Mahout 中的 itembase 协同过滤算法进行二次开发，以便适应项目的独特需求。

8.3.3 路径准备

安装好 Mahout 算法开源项目以及了解了 itembase 协同过滤算法原理后，我们接下来就可以来实现电商数据的推荐，进而为用户提供商品推荐服务了。

实现推荐算法，首先要进行数据路径的准备，即设置中间生成数据和结果数据两个存储路径。第一个路径的名字是 temp/，它是 itembased 协同过滤算法运行过程中产生的中间数据存放路径，如果我们之前已经运行过一次协同过滤算法，就会在这个 temp/ 路径中产生大量的中间结果数据。当我们再次运行协同过滤算法时，这些中间结果数据会被删除，如果不删除，协同过滤算法就会报错并失败。这是因为再次运行 itembase 协同过滤算法就会产生新的中间结果数据，如果以前老的中间结果数据存在的话，就会产生冲突，从而造成算法运行错误。

下面，我们来查看一下这个路径中目前有没有内容，执行下面的命令，列出 temp/ 目录下的所有文件。

```
hadoop fs -ls temp/*
```

```
-rw-r--r--   2 xdl supergroup          7 2018-12-10 08:04 temp/maxValues.bin
-rw-r--r--   2 xdl supergroup          7 2018-12-10 08:04 temp/norms.bin
Found 2 items
-rw-r--r--   2 xdl supergroup          0 2018-12-10 08:03 temp/notUsed/_SUCCESS
-rw-r--r--   2 xdl supergroup         98 2018-12-10 08:03 temp/notUsed/part-r-00000
-rw-r--r--   2 xdl supergroup          7 2018-12-10 08:04 temp/numNonZeroEntries.bin
-rw-r--r--   2 xdl supergroup    2380003 2018-12-10 08:03 temp/observationsPerColumn.bin
Found 2 items
-rw-r--r--   2 xdl supergroup          0 2018-12-10 08:04 temp/pairwiseSimilarity/_SUCCESS
-rw-r--r--   2 xdl supergroup     233589 2018-12-10 08:04 temp/pairwiseSimilarity/part-r-00000
Found 2 items
-rw-r--r--   2 xdl supergroup          0 2018-12-10 08:05 temp/partialMultiply/_SUCCESS
-rw-r--r--   2 xdl supergroup    2369032 2018-12-10 08:05 temp/partialMultiply/part-r-00000
Found 4 items
drwxr-xr-x   - xdl supergroup          0 2018-12-10 08:02 temp/preparePreferenceMatrix/itemIDIndex
-rw-r--r--   2 xdl supergroup          4 2018-12-10 08:02 temp/preparePreferenceMatrix/numUsers.bin
drwxr-xr-x   - xdl supergroup          0 2018-12-10 08:03 temp/preparePreferenceMatrix/ratingMatrix
drwxr-xr-x   - xdl supergroup          0 2018-12-10 08:02 temp/preparePreferenceMatrix/userVectors
Found 2 items
-rw-r--r--   2 xdl supergroup          0 2018-12-10 08:04 temp/similarityMatrix/_SUCCESS
-rw-r--r--   2 xdl supergroup     386938 2018-12-10 08:04 temp/similarityMatrix/part-r-00000
Found 2 items
-rw-r--r--   2 xdl supergroup          0 2018-12-10 08:04 temp/weights/_SUCCESS
-rw-r--r--   2 xdl supergroup    2707945 2018-12-10 08:04 temp/weights/part-r-00000
```

我们发现在 temp/ 这个目录下有很多内容。我们之前已经运行过一次 itembase 协同过滤算法，该算法运行过程中有很多步骤，每一步都会产生大量的中间结果数据，这些结果数据被保存在 temp/ 路径下，如果要重新运行该推荐算法，需要清空这些中间结果数据。但如果你是首次运行该算法，则 temp/ 这个相对路径下是没有任何内容的。

另外需要注意的是，temp/ 是 HDFS 文件系统上的相对路径，在使用过程中路径前面是不能加反斜杠的，它的实际路径其实是 hdfs://master:9000/user/xdl/temp。执行如下命令查看 temp 目录中的文件。

```
hadoop fs -ls /user/xdl/temp/
```

```
Found 10 items
-rw-r--r--   2 xdl supergroup          7 2018-12-10 08:04 /user/xdl/temp/maxValues.bin
-rw-r--r--   2 xdl supergroup          7 2018-12-10 08:04 /user/xdl/temp/norms.bin
drwxr-xr-x   - xdl supergroup          0 2018-12-10 08:03 /user/xdl/temp/notUsed
-rw-r--r--   2 xdl supergroup          7 2018-12-10 08:04 /user/xdl/temp/numNonZeroEntries.bin
-rw-r--r--   2 xdl supergroup    2380003 2018-12-10 08:03 /user/xdl/temp/observationsPerColumn.bin
drwxr-xr-x   - xdl supergroup          0 2018-12-10 08:04 /user/xdl/temp/pairwiseSimilarity
drwxr-xr-x   - xdl supergroup          0 2018-12-10 08:05 /user/xdl/temp/partialMultiply
drwxr-xr-x   - xdl supergroup          0 2018-12-10 08:02 /user/xdl/temp/preparePreferenceMatrix
drwxr-xr-x   - xdl supergroup          0 2018-12-10 08:04 /user/xdl/temp/similarityMatrix
drwxr-xr-x   - xdl supergroup          0 2018-12-10 08:04 /user/xdl/temp/weights
```

上面所示的就是 temp 目录的绝对路径，其中目录和文件就是运行协同过滤算法所产生的中间结果数据。

下面我们执行如下命令，删除可能存在的中间结果数据。注意，如果压根就没有产生过中间结果数据，则运行该命令可能会报错，提示该目录中没有内容可删除，但这不影响我们的工作，它是一个标准化的检查执行操作。

```
hadoop fs -rmr temp/*
```

同样，如果再次运行推荐算法的话，则需要执行如下命令删除 itembase 协同过滤算法运行的最终推荐结果数据存储目录。注意，如果是首次运行协同过滤推荐算法的话，则该目录是不存在的，就不用删除。

```
hadoop fs -rmr /output0806   //此目录就是推荐结果的最终存储目录
```

8.3.4 运行推荐算法

执行协同过滤推荐中的 itembase 算法，需要保证 Mahout 是 0.10.1 版本或者更新的版本，然后我们进入 /home/ydh/apache-mahout-distribution-0.10.1 目录运行 itembase 协同过滤算法。这个算法的运行大概要耗时 10 分钟至 30 分钟，根据不同机器的性能和集群的计算规模，运行耗费时间上会有所变化，如果超过 30 分钟还没有运行结束，则说明该 itembase 协同过滤算法执行失败，此时就可以果断执行 kill 命令，然后检查参数和命令，并重新运行该推荐算法。

下面，我们就运行该推荐算法来为用户提供推荐服务，操作命令如下所示：

```
cd /home/ydh/apache-mahout-distribution-0.10.1
```

注意，下面的命令看起来是 3 行，其实在运行时需要将它们放在一行中，不能出现换行。

```
bin/mahout recommenditembased --similarityClassname SIMILARITY_COSINE -input \
/user/hive/warehouse/tmall.db/tmall_201412_uid_pid/ --output /output0806 \
--numRecommendations 10 --booleanData
```

接下来解释一下 itembase 协同过滤算法运行中所需要的这些参数的含义。第一个参数 --similarityClassname 指的是相似度计算公式，这里用的是 COSIN。如果你想知道相似度计算公式有哪些，可以直接运行 bin/mahout recommenditembased 命令，就可以看到有很多相似度计算公式被列出来，如下所示：

```
--similarityClassname (-s) similarityClassname   Name of distributed
                                                 similarity measures class to
                                                 instantiate, alternatively
                                                 use one of the predefined
                                                 similarities
                                                 ([SIMILARITY_COOCCURRENCE,
                                                 SIMILARITY_LOGLIKELIHOOD,
                                                 SIMILARITY_TANIMOTO_COEFFICIEN
                                                 T, SIMILARITY_CITY_BLOCK,
                                                 SIMILARITY_COSINE,
                                                 SIMILARITY_PEARSON_CORRELATION
                                                 ,
                                                 SIMILARITY_EUCLIDEAN_DISTANCE]
                                                 )
```

我们这里的协同过滤相似度推荐公式其实只有两种选型可以选择，那就是 COSIN 和

PEARSON。本次运行选择的是 COSIN。第二参数 --input 是输入路径，第三个参数 --output 是输出路径，第四个参数 --numRecommendations 10 代表的是为每个用户推荐多少个相似的产品，这里是 10 个。--booleanData 指的是数据里面是没有打分项数据，这里的数据只有购买，没有打分，数据只有两列。如果我们的数据是 3 列即包含打分数据的话，就不能加 --booleanData 这个参数了，因为第三列包含打分数据的话，那就不是 boolean 类型的数据了。boolean 类型的数据就是 0 或者 1，也就是说，在这里表示的是购买或者没有购买。但是数据里面最多的是 1，表示没有购买，即为用户推荐的商品绝大多数是用户没有购买过的。如果数据是 3 列的话，最后一列是打分，若加上 --booleanData，则算法在执行过程中只会读前两列，不会读第三列的数据，所以 --booleanData 是非常有用的。我们看到这些参数都已经是标准化的，这些参数是必须要引用的，因为我们的相似度计算公式不会去影响 itembase 协同过滤算法的源码，但是在这里指定 --similarityClassname SIMILARITY_COSINE 这个参数的话，则可以切换它的计算公式，以此影响或者改变算法源码的相似度计算公式类别。另外，--numRecommendations 表示推荐的结果，如果推荐的结果是 1000 个，那么它就不合理。实际场景中不可能给某一个用户一次性推荐 1000 个产品。因此，这个参数也是要鉴定的。另外，booleanData 只跟数据类型有关系，所以，这些参数都是有意义的，已经尽量客观了。

8.3.5 查看推荐结果

当上面的协同过滤推荐算法运行结束后，就可以使用下面的命令来查看推荐的结果了。这个结果也已经能说明问题了，如下所示，我们查看了推荐结果的前 10 条数据，查看操作命令如下所示：

```
hadoop fs -cat /output0806/part* |head -10
```

```
21795    [1.0,40630233222:1.0,20270716980:1.0,25388292311:1.0]
2175777  [395926721138:1.0,38199630334:1.0,16528694567:1.0,40568171089:1.0,37961093174:1.0,42864581492:1.0,411031
92369:1.0,42101347753:1.0,27529496581:1.0,37960797318:1.0]
5680156  [42466966916:1.0,41320751307:1.0,37784079649:1.0,38868228419:1.0,36826954133:1.0,41376484750:1.0,411031
92369:1.0,41379268069:1.0,38332450786:1.0,39393284863:1.0]
5816906  [41340342132:1.0,37472271808:1.0,38482099856:1.0,38361742653:1.0,38675401324:1.0,19767079212:1.0,411031
92369:1.0,41463992005:1.0,16528694567:1.0,42132461795:1.0]
5823560  [37784079649:1.0,42572767023:1.0,16596842686:1.0,42466966916:1.0,38332450786:1.0,38868228419:1.0,411031
92369:1.0,38482099856:1.0,42921530361:1.0,16784399059:1.0]
6629793  [37784079649:1.0,36620920895:1.0,16596842686:1.0,42864581492:1.0,38332450786:1.0,42572767023:1.0,411031
92369:1.0,37961093174:1.0,42466966916:1.0,42921530361:1.0]
7390896  [38332450786:1.0,25466276377:1.0,40568171089:1.0,37960797318:1.0,37784079649:1.0,17655706452:1.0,411031
92369:1.0,16528694567:1.0,37844564295:1.0,25559136301:1.0]
25182010     [40568171089:1.0,25388292311:1.0,37347796150:1.0,27529496581:1.0,37844564295:1.0,40124073285:1.
0,39393284863:1.0,41103192369:1.0,38482099856:1.0,16596842686:1.0]
34763982     [37961093174:1.0,36620920895:1.0,37844564295:1.0,40124073285:1.0,38373305342:1.0,41379268069:1.
0,41103192369:1.0,19144981170:1.0,19983571628:1.0,38361742653:1.0]
50705510     [21340391634:1.0,18051067134:1.0,40016298083:1.0]
```

从上面结果中拿出一条数据来分析一下：其中第一字段 2175777 表示 uid，第二字段 [39592672138:1.0,38199630334:1.0,16528694567:1.0,40568171089:1.0,37961093174:1.0,42864581492:1.0,41103192369:1.0,42101347753:1.0,27529496581:1.0,37960797318:1.0] 表示推荐的列表。推荐列表里面是有分组的，例如 39592672138:1.0 这一组中，39592672138 表示 pid，1.0 表示对 pid 所代表的商品的打分，所以我们看到在推荐列表中一共有 10 个推荐，其实最多也是 10 个推荐。有些推荐列表中是不够 10 个的，为什么是 10 个，这在执行推荐算法的时候通过参数 --numRecommendations 10 限定的，但是像这个推荐结果并不能保证一定是用户想要的，因为有些商品用户已经购买过了，买过的商品也是要过滤的。

思路是这样的：首先要明白 uid 和后面的推荐列表之间的分隔符是 '\t'，推荐列表的数据按照打分的高低从高到底排序，但看到这里打分的值都是 1.0，这是因为 booleanData 类型的数据容易造成这样的结果，如果有打分矩阵，即实际打分的话，这个分值要更好一些所以要想推荐结果好，不应该只拿购买数据，对于电商来讲应该把购买、浏览、收藏、关注和评论的数据全部加进来，这样才能让推荐的结果更丰满。

8.4 数据 ETL

对于最终的结果来讲，要想提供对外的服务，就有几种目标存储可供选择。MySQL 是其中一个，还有 Redis、MemCache 以及 HBase 都可以。在本章介绍的系统里，我们选择的是将推荐结果数据加载到 MySQL，是为了可以通过 JDBC 或者 Web 的方式直接拉取数据。如果推荐结果数据继续存储在 HDFS 上的话，每次查询都需要遍历整个文件，而放到 MySQL 里，我们就可以以 MySQL 的方式根据 uid 快速查询出我们想要的推荐列表，如此才能提供实时和个性化的支持。

8.4.1 获取数据

接下来，我们使用如下命令将数据从 HDFS 转移至本地：

```
hadoop fs -get /output0806/part-r-00000 .
```

8.4.2 创建数据库和表

登录 MySQL 客户端，执行下面的命令：

```
mysql -uhadoop -phadoop
//创建数据库tmall
CREATE DATABASE IF NOT EXISTS tmall;
use tmall
//在tmall数据库中创建一张表tmall_recommand
CREATE TABLE IF NOT EXISTS tmall.tmall_recommand (
uid VARCHAR(50) NOT NULL,
rlist VARCHAR(255) NOT NULL
);
```

```
mysql> create table if not exists tmall_recommend(uid varchar(50) not null, rlisi varchar(255) not null);
Query OK, 0 rows affected (0.37 sec)
```

8.4.3 加载数据

加载本地数据 part-r-00000 到数据库中,是比较快的方式,当然,我们可以构建 SQL 语句通过 source 的方式加载数据,但远远没有前者速度快,并有可能出现异常,因为推荐结果里面有可能存在一些不规范的数据,例如有的行中字段的值过长。比如我们在数据库中设置数据最长是 255 位,如果数据长度超过 255 位,就会报错,生产环境中要充分考虑这些情况。

```
LOAD DATA LOCAL INFILE
'/home/zkpk/apache-mahout-distribution-0.10.1/part-r-00000' INTO TABLE
tmall.tmall_recommand FIELDS TERMINATED BY '\t';
```

```
mysql> load data local infile '/home/lgr/apache-mahout-distribution-0.10.1/part-r-00000' into table tmall.tmall_recommend fields terminated by '\t';
Query OK, 24009 rows affected (0.43 sec)
Records: 24009  Deleted: 0  Skipped: 0  Warnings: 0
```

8.4.4 验证 ETL 过程

当数据加载到 MySQL 数据库以后,就可以直接通过 SQL 语句去验证了,登录 MySQL 客户端执行下面的命令:

```
use tmall
show tables
```

```
tmall_recommand
select * from tmall.tmall_recommand limit 10;
```

```
| uid      | rlist                                                                                                                                                    |
+----------+----------------------------------------------------------------------------------------------------------------------------------------------------------+
|      0   | [18526022687:1.0,17655706452:1.0,40802398290:1.0,38331019149:1.0,23209144069:1.0,38327047263:1.0,1
7888121795:1.0,40630233222:1.0,20270716980:1.0,25388292311:1.0]
|   2175777| [39592672138:1.0,38199630334:1.0,16528694567:1.0,40568171089:1.0,37961093174:1.0,42864581492:1.0,4
1103192369:1.0,42101347753:1.0,27529496581:1.0,37960797318:1.0]
|   5680156| [42466966916:1.0,41320751307:1.0,37784079649:1.0,38868228419:1.0,36826954133:1.0,41376484750:1.0,4
1103192369:1.0,41379268069:1.0,38332450786:1.0,39393284863:1.0]
|   5816906| [41340342132:1.0,37472271808:1.0,38482099856:1.0,38361742653:1.0,38675401324:1.0,19767079212:1.0,4
1103192369:1.0,41463992005:1.0,16528694567:1.0,42132461795:1.0]
|   5823560| [37784079649:1.0,42572767023:1.0,16596842686:1.0,42466996616:1.0,38332450786:1.0,38868228419:1.0,4
1103192369:1.0,38482099856:1.0,42921530361:1.0,16784399059:1.0]
|   6629793| [37784079649:1.0,36620920895:1.0,16596842686:1.0,42864581492:1.0,38332450786:1.0,42572767023:1.0,4
1103192369:1.0,37961093174:1.0,42466966916:1.0,42921530361:1.0]
|   7390896| [38332450786:1.0,25466276317:1.0,40568171089:1.0,37960797318:1.0,37784079649:1.0,17655706452:1.0,4
1103192369:1.0,16528694567:1.0,37844564295:1.0,25559136301:1.0]
|  25182010| [40568171089:1.0,25388292311:1.0,37347796150:1.0,27529496581:1.0,37844564295:1.0,40124073285:1.0,9
9393284863:1.0,41103192369:1.0,38482099856:1.0,16596842686:1.0]
|  34763982 | [37961093174:1.0,36620920895:1.0,37844564295:1.0,40124073285:1.0,38373305342:1.0,41379268069:1.0,4
1103192369:1.0,19144981170:1.0,19983571628:1.0,38361742653:1.0]
|  50705510| [21340391634:1.0,18051067134:1.0,40016298083:1.0]
```

可以通过上面的命令直接查看 MySQL 表中的结果，但是目前这些数据只是存在数据库里，还有一步需要去实现，那就是提供对外服务，这一块我们可以到后台的服务端，去实现一个 WebSservice 或者 WebServer 这样的业务逻辑去读取这个数据库，就像正常地通过 JDBC 访问 MySQL 一样。一定有一个这样的应用程序，当前端直接发起一个请求时，立刻读取 MySQL 数据库并且为前端请求生成响应的服务。如最常用的 RESTful 服务，也就是说，跟前端请求的语言没有关系，前端用任何语言都可以，后端就用一个 RESTful 服务，然后我们将其服务封装好，什么样的请求对应访问什么样的数据，增删改查都可以通过 RESTful 服务的方式去实现。到目前为止，工作还是没有做完，我们还需要将对应的 RESTful 服务封装进去，之后整个推荐系统的研发过程就算完善了。

完成以上所有的步骤就会发现，这就是电商推荐系统研发的思路。当我们去研发系统的时候，也是遵循这样的步骤：第一步将数据准备好，第二步把推荐使用的算法准备好，然后部署，第三步将推荐的结果导入一个地方并且保证推荐结果是可读的状态。我们来读一个 pid：17902370589，这是什么产品，发现读不懂，不知道它具体代表什么产品，所以我们就无法判断这个产品呈现的效果是什么样子，但这个为用户推荐的产品要想上线，要想做研究，我们还需要做一件事，那就是我们可以随机地选择一些 pid，并通过某种方式让它们变成可读状态。例如，我给某用户推荐了一款产品，为什么要做这样的推荐，仅仅给用户这样一个 pid 的话是不直观的，用户都不知道这是什么意思，也不知道这个 pid 列表中的值代表的是哪款产品，因此我们需要将这个 pid 转化为可读数据。从哪里转化呢？我们可以重新打开 tmall-201412.csv 这个文件，文件内容如下所示：

```
vi tmall-201412.csv
```

```
13764633023     2014-12-01 02:20:42.000  全视目Allseelook 原宿风暴显色美瞳彩色隐形艺术眼镜1片 拍2包邮     33.6
2       18067781305
13377918580     2014-12-17 08:10:25.000  kilala可啦啦大美目大直径混血美瞳年抛彩色近视隐形眼镜2片包邮    19.8
2       17359010576
13532689063     2014-12-14 20:42:14.000  kilala可啦啦大美目大直径混血美瞳年抛彩色近视隐形眼镜2片包邮    19.8
2       17359010576
13856049592     2014-12-22 17:03:26.000  kilala可啦啦大美目大直径混血美瞳年抛彩色近视隐形眼镜2片包邮    19.8
2       17359010576
18056000601     2014-12-23 13:08:44.000  舒加美 甜甜圈糖果彩绘美瞳大直径年抛彩色隐形眼镜进口全国包邮        9.9
1       18224781070
13950745682     2014-12-16 08:30:06.000  EYEMAY艾魅美瞳大美目年抛彩色隐形视眼镜包邮 一副装送镜盒     19.6
        17525034357
11111111111     2014-12-27 16:58:06.000  舒加美 大水凝天使冰蓝美瞳年抛大直径彩色隐形眼镜       一副1包邮  20
2       19767079212
18268900390     2014-12-05 19:48:26.000  kilala可啦啦大美目大直径混血美瞳年抛彩色近视隐形眼镜2片包邮送盒  19.78
2       17359010576
15932549985     2014-12-12 14:05:12.000  浪漾美瞳钻石大梅花四叶草韩国进口彩色隐形美瞳混血        9.9
1       40568171089
13541923320     2014-12-01 13:36:38.000  秀儿 验孕棒早早孕试纸20条+尿杯20 验孕试纸测试怀孕 测孕棒笔       9.9
1       35570005627
18706700175     2014-12-30 10:04:17.000  EYEMAY艾魅美瞳大直径年抛彩色隐形视眼镜包邮 一副装送镜盒    19.4
2       17525034357
15925824023     2014-12-06 21:51:41.000  卡乐美蕾丝菠萝三色草莓大直径美瞳彩色隐形眼镜混血美瞳薄包邮      12
        37961093174
```

从文件里面我们看到了 pid：17359010576 和 pid 所对应的商品的名字是"kilala 可啦啦大美目大直径混血美瞳年抛彩色近视隐形眼镜 2 片包邮"。只有以这样的方式命名并且再加上一张大美瞳图片贴在这里，用户对商品的印象才是深刻的。那么我们为什么给这个用户推荐这款商品呢？是因为她曾经浏览或者购买过相似的产品。这样的原因从哪里来、合理不合理呢？我们就需要从数据清洗的结果中去查找，这才是直观的方式。下面要做的就是获得这些数据的 pid 与商品名称 title 的映射关系，即 pid 和 pname 一对一的映射关系，之后就可以对推荐列表中的数据进行替换了：

[39592672138:1.0,38199630334:1.0,16528694567:1.0,40568171089:1.0,37961093174:1.0,42864581492:1.0,41103192369:1.0,42101347753:1.0,27529496581:1.0,37960-797318:1.0]

至于打分数据先不需要考虑，因为它本身就是按照分值从高到低的顺序排列的，所以目前最重要的是考虑 pid 可读的问题，即 pid 具体代表什么产品，然后把这一串的 pid 转化成：[17359010576"kilala 可啦啦大美目大直径混血美瞳年抛彩色近视隐形眼镜 2 片包邮"：1.0, …]，这个工作才算接近尾声。这样一个转化步骤需要我们通过编码实现。映射关系可以用 Hive 来完成，但是像上文推荐列表中的数据包括冒号和逗号，这样复杂的数据结构是 Hive 读取不了的，所以我们需要用 Java 代码来解决这个问题，即可以采用 MapReduce 的方式来编码实现。但是需要注意的是，我们一定不能修改 MySQL 中的原始数据，因为这是我们的原始结果，不能修改，需要备份。

8.5 本章总结

当完成以上几个大的步骤之后，我们就对推荐系统的研发流程全线贯通了，并掌握了推荐系统研发的基本技巧和标准化流程。如果我们要开发电商推荐系统，参照以上讲解的内容是没有任何问题的，工业化的流程很标准：第一步构建数据仓库，这是 DBA 所做的事情；第二步数据清洗，这是运维和数据分析人员所做的事情；第三步推荐算法的实现和部署，这是专门做推荐和挖掘的人员做的事情；第四步数据的 ETL 和前端页面的展示，这是业务系统和 Web 系统人员做的事情。4 大类人员，各司其职，分工协作，把它们贯穿起来，就能做成一个推荐系统。

8.6 本章习题

1. 在自己的集群上完成 Mahout 的安装部署。
2. 在自己的集群上完成电商推荐系统的开发。

第09章 汽车销售数据分析系统实战开发

本章要点
- 数据概况
- 项目实战

本章主要围绕乘用车辆和商用车辆销售数据展开,通过 Hive 构建数据仓库,实现对汽车销售数据各项指标立体化地分析。在我之前出版的《Hadoop 大数据实战开发》一书中,曾经使用 Hadoop 平台 HDFS 分布式文件系统和 MapReduce 分布式并行计算框架技术对该项目进行了应用开发实践介绍。本章我们采用前文介绍的 Hive 技术对该项目进行实战开发,让读者充分体验 Hive 的应用以及 Hive 与 Hadoop 平台的关系,并积累 Hive 实战项目开发相关的经验。

9.1 数据概况

汽车销费是消费者支出的重要组成部分,同时能很好地反映出消费者对经济前景的信心。通常,汽车销售数据是了解一个区域经济循环强弱情况的第一手资料,为随后的零售额和个人消费支出提供了很好的预示作用。所以,对汽车销售数据的统计分析非常重要,能够帮助我们了解区域经济的发展和变化,为经济的发展做出宏观的指导。

该项目的数据来源于一个真实项目，数据项包括时间、销售地点、车辆类型、车辆型号、制造商、排量、功率、发动机型号、燃料种类、车外廓长宽高、轴距、前后车轮、轮胎规格、轮胎数、载客数、所有权、购买人等相关信息，如表 9-1 所示。

表 9-1

9.2 项目实战

本节内容包括构建数据仓库、创建原始数据表、加载数据到数据仓库、验证数据结果以及具体的项目需求、设计思路、HiveSQL 设计以及 HiveSQL 运行结果等内容。

站在汽车行业的角度，我们可以统计分析不同使用性质的车辆的销售额分布。我们还可以年份作为统计维度，统计出某一年内各个月份的汽车销售量分布，以此判断出销售量较大的月份，进而开展促销活动等。此外，我们还可以统计某一年某个区域内各个市县的销售额分布等诸多特征。

9.2.1 构建数据仓库

我们使用 Hive 构建原始数据的数据仓库，进入 Hive 客户端创建 car 数据库，操作命令如下所示：

```
create database if not exists car
```

9.2.2 创建原始数据表

创建 Hive 外部表存储原始数据 raw data，操作命令如下所示：

```
use cars
create external table car_2019712(
province string comment '省',
month int comment '月',
city string comment '市',
district string comment '区县',
year int comment '年',
model string comment '车辆型号',
manufacturer string comment '制造商',
brand string comment '品牌',
vehicletype string comment '车辆类型',
ownership string comment '所有权',
nature string comment '使用性质',
quantity int comment '数量',
enginemodel string comment '发动机型号',
displacement int comment '排量',
power int comment '功率',
fuel string comment '燃料种类',
length1 int comment '车长',
width1 int comment '车宽',
height1 int comment '车高',
length2 int comment '厢长',
width2 int comment '厢宽',
height2 int comment '厢高',
numberofaxles int comment '轴数',
wheelbase int comment '轴距',
frontwheelbase int comment '前轮距',
tirespecification string comment '轮胎规格',
tirenumber int comment '轮胎数',
totalquality int comment '总质量',
```

```
completequality int comment '整备质量',
approvedquality int comment '核定载质量',
approvedpassenger string comment '核定载客',
tractionquality int comment '准牵引质量',
chassisenterprise string comment '底盘企业',
chassisbrand string comment '底盘品牌',
chassismodel string comment '底盘型号',
engineenterprise string comment '发动机企业',
vehiclename string comment '车辆名称',
age int comment '年龄',
gender string comment '性别'
)
comment 'this is the raw data'
row format delimited
fields terminated by ','
location '/cars';
```

查看表 car_2019712 的结构信息,如下所示:

```
desc car_2019712
```

```
hive> desc car_2019712;
OK
province             string
month                int
city                 string
district             string
year                 int
model                string
manufacturer         string
brand                string
vehicletype          string
ownership            string
nature               string
quantity             int
enginemodel          string
displacement         int
power                int
fuel                 string
length1              int
width1               int
height1              int
length2              int
width2               int
height2              int
numberofaxles        int
wheelbase            int
frontwheelbase       int
tirespecification    string
tirenumber           int
totalquality         int
completequality      int
approvedquality      int
approvedpassenger    string
tractionquality      int
chassisenterprise    string
chassisbrand         string
chassismodel         string
engineenterprise     string
vehiclename          string
age                  int
gender               string
Time taken: 0.232 seconds, Fetched: 39 row(s)
```

9.2.3 加载数据到数据仓库

创建完数据仓库和库中的原始数据表之后,就可以向表中加载数据了。

首先,在 HDFS 上创建存放数据的目录,操作命令如下:

```
hadoop fs -mkdir /cars            //如果该目录已经存在,则无需创建
cd /home/ydh/resource
ls -l
cars.csv          //汽车销售数据文件
```

然后,用 Hadoop 命令行接口方式将数据加载到 Hive 数据仓库监控的目录中,操作命令如下:

```
hadoop fs -put ./cars.csv /cars
```

9.2.4 验证数据结果

当数据被加载到数据仓库之后,我们就可以打开 Hive 客户端进行数据的验证了,操作命令如下:

```
select * from car.car_2019712 limit 10
```

我们发现数据已经被加载到数据仓库中了,下面就可以分析汽车销售数据。

9.2.5 统计乘用车辆和商用车辆的销售数量和销售数量占比

根据字段 "nature' 使用性质'" 来分组统计乘用车辆和商用车辆的总数量，乘用车辆的使用性质为"非营运"，商用车辆的使用性质为"营运"，HiveQL 脚本设计程序如下所示：

select '非营运', sum(if(a.nature='非营运',a.cnt,0)),'营运', sum(if(a.nature!='非营运',a.cnt,0)) from (select nature,count(*) as cnt from cars.car_2019712 group by nature having nature is not null and nature != '') a;

HiveQL 脚本运行结果如下所示：

```
Stage-Stage-1: Map: 1  Reduce: 1   Cumulative CPU: 5.55 sec
Stage-Stage-2: Map: 1  Reduce: 1   Cumulative CPU: 2.18 sec
Total MapReduce CPU Time Spent: 7 seconds 730 msec
OK
非营运   66478      营运     3884
Time taken: 69.364 seconds, Fetched: 1 row(s)
```

乘用车辆的销售数量为 66478，商用车辆的销售数量为 3884。

再统计出汽车销售总数量，HiveQL 脚本程序设计如下所示：

select count(*) from car_2019712;

运行结果如下所示，汽车销售总数量为 70640。

```
Total MapReduce CPU Time Spent: 2 seconds 800 msec
OK
70640
Time taken: 23.967 seconds, Fetched: 1 row(s)
```

所以，乘用车辆的销售数量占比为 66478/70640=94.1%；商用车辆的销售数量占比为 3884/70640=5.4%。还有 0.5% 的份额属于其他类型的车辆。

9.2.6 统计山西省 2013 年每个月的汽车销售数量的比例

首先，分别统计出山西省 2013 年每个月的汽车销售数量和山西省 2013 年年度汽车销售总数量，再用 2013 年每个月的汽车销售数量除以年度汽车销售总数量，HiveQL 脚本程序设计如下所示：

```
select month,c1.ss/c2.sumshu from (select month,sum(quantity) as ss from
car_2019712 where province='山西省' and year='2013' group by month) c1,(select
sum(quantity) as sumshu from car_2019712 where province='山西省' and year='2013') c2;
```

HiveQL 脚本程序运行结果如下所示：

```
Total MapReduce CPU Time Spent: 9 seconds 90 msec
OK
1       0.14799181376311077
2       0.05831272561894204
3       0.09306159574770473
4       0.06587362496802251
5       0.0732071288479577
6       0.05547028225462608
7       0.06323015263920867
8       0.06378442909525028
9       0.06948352804070379
10      0.1044882180722549
11      0.10053722179585571
12      0.1045592791563628
Time taken: 78.652 seconds, Fetched: 12 row(s)
```

显示的结果就是 2013 年山西省每个月汽车销售数量的比例，从中可以看到汽车销售的高峰期是 10 月、11 月和 12 月，这 3 个月的汽车销售数量都占到了全年销售总数量的 10%。

9.2.7 统计买车的男女比例及男女对车的品牌的选择

分别统计出买车的男性人数、女性人数和总人数，再分别用男性人数和女性人数除以购车总人数，就可以得出买车的男女比例了。

HiveQL 脚本程序设计如下所示：

```
select '男性', a.nan*1.0/(a.nan+a.nv), '女性 ', a.nv*1.0/(a.nan+a.nv) from
(select '男性',sum(if(b.gender='男性',b.cnt,0))as nan, '女性',sum(if(b.gender='女
性',b.cnt,0))as nv from( select gender,count(*) as cnt from car_2019712 group by
gender having gender is not null and gender!='') b)a;
```

运行结果如下所示：

```
Total MapReduce CPU Time Spent: 6 seconds 540 msec
OK
男性    0.7010659323952227      女性    0.29893406760477725
Time taken: 50.267 seconds, Fetched: 1 row(s)
```

我们可以看出买车的男性人数占 70.1%，女性人数占 29.9%。

男女对车的品牌的选择，其实就是男性或者女性对某一品牌汽车的购买数量，从中能

够判断出当下男性和女性分别喜欢什么品牌的汽车。所以，可以根据性别 gender 和品牌 brand 两个字段进行分组统计求和，HiveQL 脚本程序设计如下所示：

```
select gender,brand,count(*) from car_2019712 where gender is not null and
gender!='' and age is not null group by gender,brand having brand is not null and
brand!='';
```

HiveQL 脚本程序运行结果如表 9-2 所示。

表 9-2

性别	汽车品牌	购买数量	性别	汽车品牌	购买数量
女性	一汽佳星	1	男性	一汽佳星	2
女性	东南	1	男性	东南	12
女性	东风	1367	男性	东风	3214
女性	中誉	4	男性	中誉	2
女性	五菱	12004	男性	中通	1
女性	五菱宏光	1057	男性	五菱	28208
女性	众泰	2	男性	五菱宏光	2331
女性	依维柯	32	男性	众泰	6
女性	俊风	1	男性	依维柯	64
女性	力帆	27	男性	俊风	4
女性	北京	741	男性	力帆	84
女性	吉奥	12	男性	北京	1836
女性	哈飞	4	男性	合客	2
女性	大通	7	男性	吉奥	30
女性	大马	3	男性	同心	1
女性	奥路卡	125	男性	哈飞	7
女性	宇通	6	男性	大通	31
女性	少林	28	男性	大马	7
女性	尼桑	2	男性	奥路卡	277
女性	开瑞	89	男性	宇通	7
女性	恒通客车	2	男性	少林	72
女性	昌河	20	男性	尼桑	2
女性	昌河铃木	3	男性	开瑞	231
女性	松花江	25	男性	恒通客车	2
女性	欧诺	121	男性	昌河	75
女性	江淮	7	男性	昌河铃木	1
女性	江铃全顺	84	男性	松花江	86
女性	海格	1	男性	柯斯达	6
女性	神剑	6	男性	梅赛德斯－奔驰	1
女性	福田	17	男性	欧诺	239
女性	航天	31	男性	汇众	3
女性	解放	96	男性	江淮	13
女性	通家福	5	男性	江铃全顺	200
女性	野马	8	男性	海格	1
女性	金旅	7	男性	神剑	16

女性	金杯	102		男性	福田	49
女性	金龙	16		男性	航天	93
女性	长城	2		男性	解放	242
女性	长安	1628		男性	通家福	19
				男性	野马	20
				男性	金旅	6
				男性	金杯	265
				男性	金龙	26
				男性	长城	18
				男性	长安	3679
				男性	飞碟	3
				男性	黄海	2

9.2.8 统计车的所有权、车辆型号和车辆类型

根据车辆的所有权字段 owership 进行分组统计，就可以统计出属于个人的车辆总数、属于单位的车辆总数或者其他，HiveQL 脚本程序设计如下所示：

select ownership, count(*) as cnt from car_2019712 group by ownership order by cnt desc;

运行结果如下：

```
Total MapReduce CPU Time Spent: 6 seconds 890 msec
OK
个人      60745
单位      9617
NULL    273
        5
Time taken: 60.148 seconds, Fetched: 4 row(s)
```

根据车辆型号字段 model 进行分组统计，HiveQL 脚本程序设计如下所示：

select model, count(*) as cnt from car_2019712 group by model order by cnt desc limit 10;

运行结果如下所示：

```
Total MapReduce CPU Time Spent: 8 seconds 80 msec
OK
LZW6376NF       13727
LZW6407BAF      6357
LZW6390QF       5967
LZW6388NF       5120
LZW6432KF       4097
LZW6431MF       3622
EQ6361PF6       2509
SC6363B4S       2234
LZW6430KF       1484
LZW6390NF       1396
Time taken: 63.945 seconds, Fetched: 10 row(s)
```

根据车辆类型字段 vehicletype 进行分组统计，HiveQL 脚本程序设计如下所示：

select vehicletype, count(*) as cnt from car_2019712 group by vehicletype order by cnt desc limit 10;

运行结果如下所示：

以上关于车辆的 3 个统计维度：所有权、车辆型号、车辆类型，为此，也可以设计为一条 HiveQL 脚本程序来完成，如下所示：

select a.cnt,count(*) from(select concat(model,ownership,vehicletype) as cnt from car_2019712) a group by a.cnt;

运行结果部分展示：

也可以将 HiveQL 脚本程序设计为下面的形式：

select vehicletype ,model ,ownership ,count(*) from car_2019712 where vehicletype is not null and model is not null and model !='' and ownership is not null group by vehicletype,model,ownership;

运行结果部分展示：

```
小型普通客车    ZN6493H2M       单位    1
小型普通客车    ZN6493HBM       个人    1
小型普通客车    ZN6494H2G4      个人    1
小型普通客车    ZN6494H2N4      单位    7
小型普通客车    ZN6494HBG4      个人    3
小型普通客车    ZN6494HBG4      单位    8
小型普通客车    ZN6494HBN4      个人    1
小型普通客车    ZN6494HBN4      单位    14
小型普通客车    ZQ6380A62F      个人    11
小型普通客车    ZQ6380A62F      单位    2
小型普通客车    ZQ6383A62F      个人    2
小型普通客车    ZQ6385A62F      个人    83
小型普通客车    ZQ6385A62F      单位    2
小型普通客车    ZQ6390A63AF     个人    35
小型普通客车    ZQ6390A63AF     单位    3
小型普通客车    ZQ6392A62AF     个人    187
小型普通客车    ZQ6392A62AF     单位    6
小型普通客车    ZQ6410A72F      个人    1
小型普通客车    ZQ6412A72F      个人    3
小型普通客车    ZQ6420A73F      个人    63
小型普通客车    ZQ6420A73F      单位    8
小型普通客车    ZQ6421A73AF     个人    17
小型普通客车    ZQ6421A73AF     单位    3
小型普通客车    ZZY6530A        个人    6
小型普通客车    ZZY6530A        单位    2
微型普通客车    SC6345B4        个人    1
微型普通客车    SC6345G3S       个人    1
Time taken: 25.332 seconds, Fetched: 1288 row(s)
```

9.2.9 统计不同类型车在一个月（对应一段时间，如每月或每年）的总销量

统计不同类型车在一个月的总销量，其实就是统计某一年某一个月某一类型的车，如大型普通客车、小型普通客车等，销售了多少辆，HiveQL 脚本程序设计如下所示：

select month, vehicletype, count(*) from car_2019712 group by vehicletype, month having month is not null and vehicletype is not null and vehicletype !='';

运行的部分结果展示如下：

```
6       大型普通客车    408
7       大型普通客车    148
8       大型普通客车    142
9       大型普通客车    130
10      大型普通客车    287
11      大型普通客车    347
12      大型普通客车    482
4       大型铰接客车    2
5       大型铰接客车    1
1       小型专用客车    1
2       小型专用客车    2
4       小型专用客车    1
5       小型专用客车    1
1       小型普通客车    8028
2       小型普通客车    3210
3       小型普通客车    5180
4       小型普通客车    4405
5       小型普通客车    4700
6       小型普通客车    3326
7       小型普通客车    4219
8       小型普通客车    4225
9       小型普通客车    4680
10      小型普通客车    6888
11      小型普通客车    6594
12      小型普通客车    6701
1       微型普通客车    1
6       微型普通客车    1
Time taken: 26.28 seconds, Fetched: 64 row(s)
```

9.2.10 通过不同类型（品牌）车销售情况，来统计发动机型号和燃料种类

通过不同类型（品牌）车销售情况，来统计发动机型号和燃料种类，其实就是按车辆的品牌字段 brand、发动机型号字段 enginemodel 和燃油种类字段 fuel 进行分组统计，HiveQL 脚本程序设计如下所示：

```
select brand, enginemodel, fuel, count(*) from car_2019712 group by brand, enginemodel, fuel;
```

运行部分结果展示如下：

```
飞碟      4A10A           汽油      6
骊山                      柴油      15
骊山      4DX23-110E3F    柴油      7
骊山      HFC4DA1-2B2     柴油      10
骊山      NQ100N4         天然气    1
骊山      NQ120N4         天然气    17
骊山      NQ140BN5        天然气    8
骊山      YC4F115-30      柴油      3
骊山      YN33PE-2        柴油      2
骊山      YZ4DA3-30       柴油      4
黄河                      柴油      12
黄河      CY4102-C3C      柴油      1
黄河      EQ6100N-30      天然气    20
黄河      T10.27-40       天然气    1
黄河      YC4FA115-40     柴油      1
黄河      YC6J210N-52     NG        99
黄河      YC6J210N-52     天然气    1
黄海                      天然气    48
黄海                      柴油      21
黄海      YC6G270-30      柴油      15
黄海      YC6J190-30      柴油      3
黄海      YC6J200-30      柴油      1
黄海      YC6J210N-40     天然气    28
黄海      YC6J220-30      柴油      10
黄海      YC6J245-30      柴油      17
黄海      YC6J245-42      柴油      2
黄海      YC6L330-30      柴油      1
Time taken: 22.973 seconds, Fetched: 757 row(s)
```

9.2.11 统计五菱某一年每月的销售量

要统计五菱汽车某一年每月的销售量，可以按汽车的品牌 brand 和月 month 两个字段进行分组统计，并从结果中将品牌名为"五菱"的数据过滤出来即可，HiveQL 脚本程序设计如下所示：

```
select brand, month, count(*) from car_2019712 group by brand, month having brand='五菱';
```

运行结果如下所示：

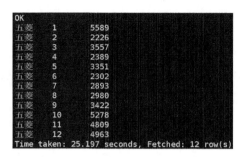

从中我们清楚地看到五菱汽车每月的销售数量。

9.3 本章总结

本章我们通过汽车销售数据项目让大家感受到企业大数据项目的开发流程，通过大数据平台 Hive 数据仓库技术完成了汽车销售数据各个指标的统计和分析。我们需要将该项目的每一个开发步骤在自己的机器集群上进行实操练习，充分掌握 Hive 数据仓库的应用开发。

9.4 本章习题

在自己的机器集群上使用大数据平台 Hive 数据仓库完成上述项目的每一个开发步骤。

第10章 新浪微博数据分析系统实战开发

本章要点
- 数据概况
- 项目实战

本章将围绕新浪微博数据展开分析，我们采用的分析工具是大数据平台数据仓库工具Hive，具体内容包括数据仓库的构建、数据库的创建、原始数据表的创建，将数据加载到数据仓库、验证数据，进而根据项目需求使用HiveQL完成各项数据指标的统计和分析。

10.1 数据概况

首先，我们对本次项目分析的数据做一些基本描述。我们从下面两个方面进行介绍，使得读者对数据有整体全面的认识。

10.1.1 数据参数

新浪微博数据分析系统所涉及的数据都是用户的历史微博数据，从时间上来讲我们分析的数据截止到2013年12月15日，很明显这些数据都是历史数据。对于历史数据的批处理分析,我们选择大数据平台的数据仓库技术 Hive。该用户的历史微博数据体量在:压缩状态为 244MB,解压后为 878MB,因此 3 台节点规模的集群就足够处理这些数据。

10.1.2 数据类型

下面我们对用户历史微博数据的数据类型做一下介绍。整个用户历史微博数据是 JSON 格式的,JSON 格式是我们在生产环境中经常碰到的一种数据格式,它是一种轻量级的数据交换格式,采用完全独立于编程语言的文本格式来存储和表示数据。该格式的数据具有简洁和清晰的层次结构,易于人们阅读和编写,同时也易于机器解析和生成,并有效地提升了网络传输效率,因此 JSON 是一种理想的数据交换格式。

在 JavaScript 语言中,一切都是对象,任何支持的数据类型都可以通过 JSON 来表示,例如字符串、数字、对象、数组等,其中对象和数组是比较特殊且常用的两种数据类型。JSON 表示对象的格式是键值对,我们用 JSON 表示一个 JavaScript 的 User 用户对象,如下所示:

```
{"username": "zhangsan", "age": "23", "birthday": "1991-09-21"}
```

JSON 表示数组的方式,如下所示:

```
{"student": [
   {"name": "zhangsan",
    "age": "23"
   },
   { "MathScore": "98",
     "EnglishScore": "89"
   }
 ]
}
```

在这个示例中,只有一个名为 student 的变量,值是包含两个条目的数组:第一个条目记录的是 student 的基本信息:姓名和年龄;第二个条目记录的是 student 的成绩信息:数学成绩和英语成绩。

用户历史微博数据都是 JSON 格式的,有许多键值对表示的对象信息。下面我们就对对象中包含的字段信息做一个详细的说明。

beCommentWeibold:是否评论。

beForwardWeibold:是否是转发微博。

catchTime：抓取时间。

commentCount：评论次数。

content：微博的内容。

createTime：创建时间。

info1：预留字段。

info2：预留字段。

info3：预留字段。

mlevel：音乐评级。

musicurl：音乐链接。

pic_list：照片列表（可以有多个）。

praiseCount：点赞人数。

reportCount：转发人数。

source：数据来源。

userId：用户 id。

videourl：视频链接。

weiboId：微博 id。

weiboUrl：微博网址。

10.2 项目实战

下面我们从组织数据、统计需求、特殊需求和数据 ETL 4 个模块展开对用户历史微博数据的分析。

10.2.1 组织数据

组织数据，主要是构建 Hive 数据仓库，包括创建数据库、创建原始数据表、加载数据到数据仓库、验证数据 4 个步骤的操作。

1. 创建 Hive 数据库 user_weibo

进入 Hive 客户端，操作命令如下所示：

```
cd apache-hive-1.2.2-bin
bin/hive
```

执行如下命令创建 user_weibo 数据库：

```
create database if not exists user_weibo
show databases;
```

2. 创建原始数据表

进入 Hive 客户端后执行如下命令创建数据表 weibo：

```
cd apache-hive-1.2.2-bin
bin/hive
use user_weibo
CREATE EXTERNAL TABLE weibo(json string)
COMMENT 'This is the quova ASN source json table'
LOCATION '/weibo';
desc weibo
```

3. 加载数据到数据仓库

```
cd /home/ydh/resource
ls -l
total 168
drwxrwxrwx. 2 xdl xdl 172032 Jul 21 17:53 619893
hadoop fs -put ./619893/* /weibo
hadoop fs -ls /weibo/
```

如下所示，JSON 文件已被加载到 Hive 监控的 HDFS 目录 /weibo 下面。

4. 验证数据

下面，我们通过 Hive 的客户端访问数据库 user_weibo 中的数据表 weibo 来验证数据。验证前 3 条数据，操作命令如下所示：

```
cd apache-hive-1.2.2-bin
bin/hive
use user_weibo;
show tables;
```

```
select * from weibo limit 3;
```

数据表 weibo 中的前 3 条数据被查询出来了。

完成以上组织数据的 4 个步骤，我们就可以进入统计需求部分，可以通过 HiveQL 对用户历史微博数据各项指标进行分析和探索，且看下面的内容。

10.2.2 统计需求

统计需求分为以下 7 个数据统计指标，下面我们一一去完成。

1. 统计微博总量和独立用户数

该统计需求分为两个：微博总量和独立用户数。我们先看第一个微博总量，其意思就是统计 weibo 这张数据表中总计有多少条微博数据，我们用 count 函数就可以完成这个统计需求，HiveQL 脚本程序设计如下：

```
select count(*) from weibo;
```

Hive 中的运行结果如下所示:

```
Total MapReduce CPU Time Spent: 49 seconds 870
OK
1451868
Time taken: 207.838 seconds, Fetched: 1 row(s)
```

我们可以看出微博的总条数是 1451868。

那么这 1451868 条微博数据到底是多少个用户产生的呢？我们需要知道独立用户数，其实就是对 userId 进行去重统计，所以我们使用 distinct 关键字对 userId 进行去重，再使用 count 函数进行统计，就可以求出独立用户数。需要注意的是，我们使用的 Hive 的 get_json_object 函数，是 Hive 专门用来处理 JSON 格式数据的，并且我们还使用了一个普通的字符串处理函数 substring，HiveQL 脚本程序设计如下所示：

```
select count(distinct(get_json_object(a.j,'$.userId'))) from (select substring(json,2,length(json)-2) as j from weibo) a;
```

运行结果如下所示：

```
Total MapReduce CPU Time Spent: 2 minutes 30 second
OK
78540
Time taken: 280.702 seconds, Fetched: 1 row(s)
```

由此我们发现，1451868 条微博数据其实是由 78540 个独立用户产生的。

2. 统计用户所有微博被转发的总次数，并输出前 3 个用户

统计用户所有微博被转发的总次数，意思就是我们想统计每一个用户所发的所有微博被转发的总次数，并输出微博被转发次数最多的前 3 个用户。因此，我们的思路就是根据用户 userId 进行分组，累加 sum 组内微博转发 reportCount 次数，最后根据转发总次数倒序排序并取出前 3 条数据，具体 HiveQL 脚本程序设计如下所示：

```
select b.id,sum(b.cnt) as bsum from (select get_json_object(a.j,'$.userId') as id,get_json_object(a.j,'$.reportCount') as cnt from (select substring(json,2,length(json)-2) as j from weibo) a) b group by b.id order by bsum desc limit 3;
```

Hive 中的运行结果如下：

```
Total MapReduce CPU Time Spent: 2 minutes 40 seco
OK
1793285524    7.6454805E7
1629810574    7.3656898E7
2803301701    6.8176008E7
Time taken: 346.33 seconds, Fetched: 3 row(s)
```

我们从中可以知道微博被转发次数最多的前 3 个用户 userId 和被转发的总次数。

3. 统计被转发次数最多的前 3 条微博，输出用户 id

统计被转发次数最多的前 3 条微博并输出用户 id，其含义指的是输出用户发布的微博中被转发次数最多的前 3 条微博信息，并输出这 3 条微博对应的用户 userId 信息。因此，我们的思路就是根据用户微博的转发次数字段 reportCount 进行倒序排序并取出前 3 条记录就可以，具体的 HiveQL 脚本程序设计如下所示：

```
select get_json_object(a.j,'$.userId') as id, cast(get_json_object(a.j,'$.reportCount') AS INT) as cnt from (select substring(json,2,length(json)-2) as j from weibo) a order by cnt desc limit 3;
```

Hive 中的运行结果如下所示：

```
Total MapReduce CPU Time Spent: 2 minutes 32 se
OK
2202387347        2692012
2202387347        2692012
2202387347        2692012
Time taken: 292.563 seconds, Fetched: 3 row(s)
```

从结果中我们发现，被转发次数最多的前 3 条微博是同一个用户发布的。

4. 统计每个用户发布的微博总数，并存储到临时表

根据需求，我们首先创建临时表，临时表中要存放的是每个用户发布的微博总数。因此我们就设计两个字段：一个是用户 userId，另一个是用户发布的微博总数 wbcnt，操作命令如下所示：

```
create table weibo_uid_wbcnt(userid string, wbcnt int) row format delimited fields terminated by '\t' stored as textfile;
```

接下来，我们根据用户进行分组，同一个用户发布的微博都会进入同一个组，然后我们对组内的微博条数进行 count 运算就可以统计出每个用户发布的微博总数，再使用 insert overwrite table 命令将统计出来的结果重写到临时表 weibo_uid_wbcnt 中，HiveQL 脚本程序设计如下所示：

```
insert overwrite table weibo_uid_wbcnt select get_json_object(a.j,'$.userId'),count(1) from (select substring(json,2,length(json)-2) as j from weibo) a group by get_json_object(a.j,'$.userId');
```

我们通过查询临时表 weibo_uid_wbcnt 的前 20 条数据进行验证，HiveQL 脚本程序设计如下所示：

```
select * from weibo_uid_wbcnt limit 20;
```

Hive 中的运行结果如下所示：

从结果中我们看到用户 1000432103 总计发布了 10 条微博，而用户 1002133091 总计发布了 2 条微博。

5. 统计带图片的微博数

统计带图片的微博数，只需要一个过滤条件，即该条微博是不是带图片，如果带图片就被统计进来，否则就被过滤掉，因此我们只需要根据 JSON 数据中的图片列表 pic_list 字段来进行过滤即可，具体的 HiveQL 脚本程序设计如下所示：

select count(*) from (select substring(json,2,length(json)-2) as j from weibo) a where get_json_object(a.j, '$.pic_list') like '%http%';

Hive 中的运行结果如下：

从结果中我们发现有 750512 条微博是带图片的。

6. 统计使用 iPhone 发微博的独立用户数

统计使用 iPhone 发微博的独立用户数，我们首先根据微博数据的来源字段 source 过滤出其中包含"iPhone"的微博数据，然后再通过关键字 distinct 对用户 userId 进行去重，就可以得出使用 iPhone 发微博的独立用户数，详细的 HiveQL 脚本程序设计如下：

select count(distinct get_json_object(a.j,'$.userId')) from (select substring(json,2,length(json)-2) as j from weibo) a where lower(get_json_object(a.j,'$.source')) like '%iphone%';

运行结果如下所示:

```
Total MapReduce CPU Time Spent: 2 minutes 22 se
OK
936
Time taken: 278.999 seconds, Fetched: 1 row(s)
```

我们发现共有 936 个用户使用 iPhone 发微博。

7. 统计微博中评论次数小于 1000 的用户 ID 与数据来源信息,将其放入视图中,然后统计视图中数据来源是"iPad 客户端"的用户数目

我们首先创建一个视图 weibo_view,其中包含两个字段:用户 userId 和微博数据来源 source,然后根据原始表中评论次数字段 commentCount,将评论次数小于 1000 的用户 ID 和微博数据来源信息过滤出来。需要注意的是,视图并不存储真正的数据,而是存储数据的逻辑规则,所以下面这条 HiveQL 不会触发后台的执行作业,详细的 HiveQL 脚本程序设计如下所示:

```
create view weibo_view as select get_json_object(a.j,'$.userId') as uid, get_json_object(a.j,'$.source') as source from (select substr(json,2,length(json)-2) as j from weibo) a where get_json_object(a.j, '$.commentCount')<1000;
```

Hive 中的运行结果如下所示:

```
hive> create view weibo_view as select get_json_object(a.j,'$.userId') as uid, get_json_object(a.j,'$.source') as source
from (select substr(json,2,length(json)-2) as j from weibo) a where get_json_object(a.j, '$.commentCount')<1000;
OK
Time taken: 0.066 seconds
hive> desc weibo_view;
OK
uid                     string
source                  string
Time taken: 0.088 seconds, Fetched: 2 row(s)
```

查看视图 weibo_view 中的前 10 条数据,HiveQL 脚本程序设计如下:

```
select * from weibo_view limit 10;
```

Hive 中的运行结果如下所示:

```
hive> select * from weibo_view limit 10;
OK
2989711735
1087770692      iPad客户端
1390470392
1390470392
1498502972
1087770692      iPad客户端
1589706710
1087770692      iPad客户端
1087770692      iPad客户端
1589706710
Time taken: 0.086 seconds, Fetched: 10 row(s)
```

视图 weibo_view 中包含了用户 userId 和微博数据来源 source 两个字段，下面我们只需要从视图中过滤出 source 是"iPad 客户端"的用户数目即可。需要注意的是，一个用户可以通过 iPad 客户端发送多条微博数据，所以我们在统计用户数目的时候需要根据用户 ID 去重，使用的关键字是 distinct，详细的 HiveQL 脚本程序设计如下：

```
select count(distinct uid) as cnt from weibo_view where source='iPad客户端'
```

Hive 中的运行结果如下所示：

从运行结果中我们发现有 537 个独立用户使用 iPad 客户端发布过微博。

10.2.3 特殊需求

特殊需求一般是指利用正常的 HiveQL 无法实现的需求，这时候我们就可以利用 Hive 为我们提供的用户自定义函数 UDF 来实现。且看下面两个特殊的需求，通过实现这两个特殊需求，我们可以充分地理解和应用 Hive 的 UDF 用户自定义函数。

1. Hive 的 UDF 应用一

需求：将微博的点赞人数与转发人数相加求和，并将相加之和降序排列，取前 10 条记录。

需求很清晰，就是将每条微博的点赞人数和转发人数相加求和，这个需求从业务角度来讲就是统计每条微博的传播热度，并把点赞和转发次数总和最多的前 10 条记录统计出来，这样我们就能够得到当前最热门的 10 个微博话题。

这个需求我们可以采用 Hive 的用户自定义函数 UDF 来实现，并且 Hive 为我们开放了 UDF 接口，我们需要通过 Java 编程来实现 Hive 为我们开发的接口，进而实现微博点赞人数和转发人数求和，详细的 Java 编程代码如下所示：

```java
package UdfTest;
import org.apache.hadoop.hive.ql.exec.UDF;
//继承UDF
public class DemoTest extends UDF{
    //重写evaluate()方法,num1代表点赞人数,num2代表转发人数
    public Integer evaluate(Integer num1,Integer num2){
        try {
```

```
            return num1+num2;
        } catch (Exception e) {
            return 0;
        }
    }
}
```

我们可以将上述代码编辑在 EclipseIDE 中并通过一个项目来管理，然后通过 IDE 开发工具将该项目导出，打包成 udf.jar 文件保存到本地 Linux 的 /home/ydh/ 目录下，再进入 Hive 客户端，加载 udf.jar 文件，并创建 Hive 的临时函数，操作命令如下所示：

```
cd apache-hive-1.2.2-bin
bin/hive
add jar /home/ydh/udf.jar;
create temporary function wb as 'UdfTest.DemoTest';
show functions;
```

结果中的 wb 函数就是我们使用 UDF 创建的用户自定义临时函数。下面我们就用这个函数来实现需求，具体的 HiveQL 脚本程序设计如下所示：

```
select wb(cast(get_json_object(a.j,'$.praiseCount') as int),
cast(get_json_object(a.j,'$.reportCount')as int)) as cnt from
(select substr(json,2,length(json)-2) as j from weibo) a
order by cnt desc limit 10;
```

在 Hive 中的运行结果如下所示：

2. Hive 的 UDF 应用二

需求：微博内容 content 中包含某个词的个数，方法返回值是 int 类型的数值。使用该方法统计微博内容中出现"iphone"次数最多的用户，并输出用户 ID 和次数。

通过分析我们知道，需求是统计用户历史微博内容中出现"iphone"关键字的次数，并把出现次数最多的用户 userId 和次数统计出来，所以我们需要继续实现一个用于该需求的用户自定义函数 UDF，其 Java 程序设计代码如下所示：

```java
package UdfTest;
import org.apache.hadoop.hive.ql.exec.UDF;
//继承自UDF
public class DemoTest2 extends UDF{
    //重写evaluate方法
    public int evaluate(String content, String word) {
        //定义次数变量
        int count = 0;
        //字符串判断
        if (content != null&&content.length()>0) {
            String[] array = content.split(word);
            count = array.length - 1;
        }
        return count;
    }
}
```

我们可以将上述代码继续编辑在 EclipseIDE 中，并通过一个项目来进行管理，然后通过 IDE 开发工具将该项目导出，打包成 udf2.jar 文件保存到本地 Linux 的 /home/ydh/ 目录下。进入 Hive 客户端，加载 udf2.jar 文件，并创建 Hive 的用户自定义临时函数，操作命令如下所示：

```
cd apache-hive-1.2.2-bin
bin/hive
add jar /home/ydh/udf2.jar;
create temporary function wcount as 'UdfTest.DemoTest2';
show functions;
```

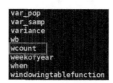

结果中 wcount 函数就是我们使用 Hive 的 UDF 创建出来的用户自定义函数，使用该函数就可以完成这一需求了，具体的 HiveQL 脚本程序设计如下所示：

```
select b.id,max(b.cnt) as cn from (select get_json_object(a.j,'$.userId')as
id, wcount(get_json_object(a.j,'$.content'),'iphone') as cnt from (select substr(-
json,2,length(json)-2) as j from weibo) a ) b group by b.id order by cn desc limit 10;
```

Hive 中的运行结果如下所示：

结果表明：微博内容中出现"iphone"次数最多的用户是 2003347594，次数是 11 次。

10.2.4 数据 ETL

使用 Sqoop 大数据平台的 ETL 工具完成 10.2.2 中的第 4 个需求："统计每个用户发布的微博总数，并存储到临时表"，将该需求在 Hive 临时表中的结果数据导入到关系型数据库 MySQL 中，并进行数据的验证。

首先我们在 MySQL 中创建一张表，也叫 weibo，其中有两个字段：用户 userId 和用户发布的微博总数 wbcnt，操作步骤如下：

登录到 MySQL 数据库中，执行以下命令：

```
mysql -uhadoop -phadoop
show databases;
```

创建表的 SQL 语句如下：

```
use test
create table test.weibo(userid varchar(255), wbcnt int)
show tables;
```

下面我们就可以使用 Sqoop 大数据平台的 ETL 工具将 Hive 数据仓库处理完的结果加载到关系型数据 MySQL 中，具体的执行脚本程序设计如下：

进入 sqoop 的安装目录
```
cd sqoop-1.4.5.bin__hadoop-2.0.4-alpha
bin/sqoop export --connect "jdbc:mysql://master:3306/test" --username hadoop --password hadoop --table weibo --export-dir /user/hive/warehouse/user_weibo.db/weibo_uid_wbcnt/ --input-fields-terminated-by '\t';
```

运行结果如下所示：

结果表明，使用 Sqoop 大数据平台 ETL 工具共计导出 78540 条微博数据到 MySQL 关系型数据库中。

下面我们登录 MySQL 数据库进行验证，操作如下：

首先进行数据内容的验证，我们取前 10 条数据信息：

```
mysql> select * from weibo limit 10;
```

其次，进行数据总条数的验证：

```
mysql> select count(*) from weibo;
```

以上,我们将大数据分析出来的结果信息通过 Sqoop 工具导出到 MySQL 关系型数据库,然后前端业务系统的人员就可以通过 JDBC 方式访问数据了,大数据工程师的工作到这里就基本完成了。

10.3 本章总结

通过本章的学习,我们掌握了大数据平台数据仓库 Hive 的基本开发流程,包括数据仓库的构建、数据库的构建、表的构建、数据的加载、数据的验证、数据各项指标的分析等,并训练了 Hive 的 UDF 在实际开发项目中的应用以及数据的 ETL。

10.4 本章习题

在自己的 Hive 平台完成用户历史微博数据各项需求的统计分析。